水质净化系统的设计方法及实例

李宇春　张芳　杨晓焱　戴忠　编著

化学工业出版社

·北京·

内容简介

《水质净化系统的设计方法及实例》按照水质净化系统设计工作的开展顺序，结合实际案例，辅以具体的项目数据，严谨、翔实地讨论分析了水质净化系统的整个设计过程。本书分为9章，分别是“水质净化系统的设计依据和范围”“水质净化系统方案的选择”“水质净化系统出力的计算”“预处理工艺的设计”“离子交换工艺的设计”“全膜处理工艺的设计”“管道、泵及附属系统的选择”“水质净化系统的技术经济比较”“系统图和设备布置图”。

为了让读者快速掌握书中的相关设计工艺及技巧，书中附录部分列出了详尽的设备技术参数资料，涵盖了离子交换处理、澄清过滤处理、精处理、反渗透处理、电除盐处理及纳滤与微滤处理等方法，在此基础上，还提供了最新版本的WAVE软件的使用及校核方法。

本书可供从事水质净化工程设计相关领域的工程师以及相关专业的本科生及研究生使用，也可供相关领域的科研工作者使用；另外，对于各类水处理设计相关的读者，本书亦颇具参考价值。

图书在版编目（CIP）数据

水质净化系统的设计方法及实例 / 李宇春等编著. 北京 ：化学工业出版社，2025. 9. -- ISBN 978-7-122-49273-9

Ⅰ. TU991.2

中国国家版本馆CIP数据核字第2025KU4232号

责任编辑：李　琰　　　　文字编辑：孙云艳　刘　璐
责任校对：宋　玮　　　　装帧设计：韩　飞

出版发行：化学工业出版社
（北京市东城区青年湖南街13号　邮政编码100011）
印　　装：北京捷迅佳彩印刷有限公司
787mm×1092mm　1/16　印张 $11\frac{3}{4}$　字数260千字
2026年5月北京第1版第1次印刷

购书咨询：010-64518888　　　　售后服务：010-64518899
网　　址：http://www.cip.com.cn
凡购买本书，如有缺损质量问题，本社销售中心负责调换。

定　　价：88.00元

前言

《水质净化系统的设计方法及实例》以水质净化系统方案的选择、水质净化系统出力的计算为起点，按照项目实例的模式，详细讨论了预处理工艺的设计、离子交换工艺的设计、精处理工艺的设计及全膜处理工艺的设计，全方位介绍了水质净化设计。本书除了传统的设计计算及说明分析之外，首次使用 WAVE 软件开展水质净化设计工作，包括水质的软件校核、工艺的软件校核及校核报告的生成等。

本书共分为 9 章，李宇春负责编写第 1、5、6 章，张芳负责编写第 2、3、4 章，杨晓焱负责编写第 7、9 章，戴忠负责编写第 8 章及附录。在本书的编写过程中，得到中煤西安设计工程有限责任公司何玉武及长沙理工大学 2020 级应用化学专业的马红梅、刘叶、张婷、张倩枝、冯姣等同学的大力支持，在此表示衷心的感谢。此外，本书的出版得到了长沙理工大学“十三五”校级专业综合改革试点项目（应用化学）的大力支持，在此一并表示感谢。

由于作者的水平能力有限，另外撰写该书的时间仓促，书中难免有不足之处，望读者不吝批评指正。

李宇春

二〇二五年六月

目录

第 1 章 水质净化系统的设计依据和范围

1.1 设计目的及要求

我国大力提倡并实行节能减排等环保政策，这使得社会各界广泛关注水资源的使用及污水排放问题。随着社会的持续发展，我国面临的水资源短缺与废污水排放问题日益严峻，尤其是在电厂发电中会产生大量的化学废水，若未经处理直接排放到环境中，后果不堪设想。因此，电厂要做好化学废水处理工作。

电厂水质净化系统的设计目的主要是确保进入电厂的各种水系统（如锅炉补给水、冷却水等系统）的水质满足严格的技术要求，以保障电厂设备的安全运行、提高效率并延长设备使用寿命。具体目的包括但不限于：①去除杂质，有效去除原水中的悬浮物、胶体、有机物、无机盐等各类杂质，确保水的清洁度，避免这些杂质在热交换过程中形成水垢或沉积，导致热效率下降或设备损坏；②杀灭微生物，通过消毒处理，如氯化、臭氧或紫外线消毒等方法，杀灭或去除水中的病原微生物，防止生物膜形成，减少对设备的腐蚀和生物污染风险；③控制硬度，降低水的硬度，避免在锅炉内部形成硬垢，因为硬垢会导致传热效率下降，严重时可引起管壁过热甚至爆管；④保证水质稳定性，调整水质 pH 值和碱度等参数至适宜范围，防止腐蚀或结垢现象，同时确保没有余氯或其他可能损害反渗透膜、离子交换树脂等精密水处理设备的物质存在；⑤优化预处理，针对后续的高级处理工艺（如反渗透、电渗析、离子交换等）进行预处理，确保水源条件满足这些高精度处理单元的进水要求，延长其使用寿命并维持处理效率；⑥环境保护，通过有效的净化处理，减少废液排放对环境的影响，遵守环保法规，实现可持续发展；⑦电厂水质净化系统的根本目的在于保障发电效率与安全性，同时实现水资源的有效管理和环境保护。

燃煤火力发电厂是我国电力工业的重要组成部分。水在电力工业中的用途是多方面的，主要有锅炉补给水、冷却用水、生活消防杂用水等。对水质要求最严格的是锅炉补给水，如今火电厂向着大容量、高参数发展，对锅炉用水的水质要求也越来越高，因此除了常规的混凝、沉淀、过滤等水处理方法外，还需离子交换、反渗透、电渗析等软化、除盐等纯水制备技术。电力行业制备超纯水的工艺大致分为以下几种。

① 采用离子交换方式，其流程如下：原水→原水加压泵→多介质过滤器→活性炭过滤器→软水器→精密过滤器→阳离子树脂过滤床→阴离子树脂过滤床→阴阳离子树脂混床→微孔过滤器→用水点。

② 采用二级反渗透方式，其流程如下：原水→原水加压泵→多介质过滤器→活性炭过滤器→软水器→精密过滤器→第一级反渗透→pH 调节→中间水箱→第二级反渗透（反渗透膜表面带正电荷）→纯水箱→纯水泵→微孔过滤器→用水点。

③ 采用电除盐（EDI）方式，其流程如下：原水→原水加压泵→多介质过滤器→活性炭过滤器→软水器→精密过滤器→一级反渗透机→中间水箱→中间水泵→EDI 系统→微孔过滤器→用水点。

④ 反渗透-离子交换除盐联合系统：原水→原水加压泵→多介质过滤器→活性炭过滤器→软水器→精密过滤器→一级反渗透机→中间水箱→中间水泵→阳离子树脂过滤床→阴离子树脂过滤床→阴阳离子树脂混床→用水点。

在全离子交换中，由于离子交换再生，需大量酸碱，因存在大量废再生液的排放，所以严重污染环境。在环保要求日趋严格的大环境下，其应用会日趋受到限制。

在反渗透＋电除盐工艺中，一级反渗透产水经常不能达到电除盐装置的进水要求，因而需二级反渗透产水作为电除盐装置的进水，使投资成本大幅升高；在反渗透＋离子交换工艺中，反渗透除去了进水中的绝大部分盐分，离子再生过程所需酸碱耗量大大减少，而且投资成本适中，是近几年锅炉补给水处理的主要工艺。

水质净化系统的设计要求涉及多个方面，旨在确保系统能够高效、稳定地提供符合特定标准的净化水。以下是设计水质净化系统时需要考虑的关键因素。①确定系统规模与类型：根据用水量、水源水质、出水水质要求，以及安装场地的具体条件，合理选择系统的处理能力和系统类型（如工业或电力行业），考虑系统的可靠性、节能性、易维护性和环保性，确保系统能够长期稳定运行。②水处理技术的选用：针对水源的具体问题，选择合适的物理过滤（如砂滤、膜过滤）、化学处理（如混凝、氧化还原）和生物处理（如活性污泥法）等技术，确保处理流程能够有效去除悬浮物、有机物、微生物、重金属及其他有害物质。③设备选型与布置：根据处理需求，选择性能可靠、效率高、维护简便的设备，并合理布局以优化空间使用和操作流程，确保设备的兼容性和互换性，便于未来的升级或替换。④自动化控制与监控：实现系统自动化控制，包括远程监控、自动报警、故障诊断等功能，以减少人工干预，提高运行效率，配置适当的数据采集与分析系统，以便实时监测水质和系统运行状态。⑤灵活性与扩展性：设计时应考虑未来水量增长或水质变化的需求，确保系统具有一定的灵活性和扩展性。⑥运行成本与经济性：在满足净化效果的前提下，优化设计以降低能耗、药剂消耗等运行成本，进行生命周期成本分析，确保系统整体经济合理。⑦环境影响：减少废水和废弃物的产生，确保系统排放符合环保标准，选择环保材料，减少对环境的负担。⑧安全性与合规性：符合当地及国际的水质标准和安全规范，设计中应考虑操作人员的安全，避免泄漏、爆炸等风险。⑨维护与检修：系统设计应便于日常维护和定期检修，包括预留足够的检修通道和设置必要的维护设施。

综上所述，水质净化系统的设计是一个综合性的工程，需全面考虑技术、经济、环境和社会等多个维度的要求。

1.2　大中型火力发电厂设计规范（GB 50660—2011）

1.2.1　水处理系统

① 水质及水的预处理。应根据全部可利用水源近年的水质全分析资料进行水处理系统的设计，水质全分析资料应符合下列规定：

a. 地表水、再生水（包括老厂循环水排污水）等应为 1 年逐月资料。

b. 地下水、矿井排水、海水等应为 1 年各季资料。

c. 对于海水还应取得取水口 1 年逐月海水水温资料。

② 原水预处理系统应在全厂水务管理设计的基础上，根据原水水质、后续处理工艺对水质的要求、处理水量和试验资料，以及类似厂的运行经验，并结合当地条件，通过技术经济比较确定。原水预处理系统设计应符合现行国家标准《室外给水设计规范》GB 50013—2018 的有关规定，并应符合下列规定：

a. 应根据原水泥砂含量确定是否设置预沉淀设施。

b. 当原水有机物含量超过预脱盐及除盐等系统进水要求时，可采用氯化、混凝、澄清、过滤处理。氯化、混凝、澄清、过滤处理仍不能满足要求时，可同时采用活性炭、吸附树脂或其他方法去除有机物。

c. 对于地表水、海水，应根据原水中不同的悬浮物、胶体等杂质的含量，分别采用沉淀（混凝）、澄清、过滤、接触混凝、过滤或超（微）滤的预处理方式。

d. 当原水含有非活性硅，不能满足锅炉蒸汽品质要求时，应采用接触混凝、过滤或沉淀（混凝）、澄清、过滤及超（微）滤等工艺去除。

e. 当原水碳酸盐硬度较高时，经技术经济比较，可采用石灰、弱酸离子交换等处理工艺。

f. 当采用铁锰含量超过预脱盐及除盐等系统进水要求时，还应采取除铁、除锰措施。

g. 对于再生水及矿井排水等水源，应根据水质特点、用水系统对水质的要求、处理规模及场地条件等因素，选择采用生化降解、杀菌、过滤、凝聚澄清、超（微）滤等处理工艺。

③ 主要设备设置应符合下列规定：

a. 澄清器（池）不宜少于 2 台。当短期悬浮物高，只用于季节性处理时，也可只设 1 台，但应设置旁路及接触混凝设施。

b. 过滤设施不应少于 2 台（套）。

c. 预处理系统的各种水箱（池），其总有效容积应按系统自用水量、前后系统出力配置及系统运行要求设计。

1.2.2 水的预脱盐

① 水的预脱盐应根据来水类型及水质特点选择合适的处理工艺。

② 非海水水源应根据进水水质及出水水质要求，并综合酸碱供应条件及废水排放和回用要求，经比较后确定是否设置反渗透预脱盐工艺。

③ 海水淡化工艺可采用反渗透法或蒸馏法等技术。海水淡化工艺的选择应根据电厂的厂址条件、水源及水质条件、供汽及供电条件、系统容量、出水水质要求等因素，经技术经济比较确定。

④ 海水淡化系统设计应符合下列规定：

a. 蒸馏法海水淡化系统的蒸汽参数、造水比、水回收率等主要设计参数应根据工程具体情况，通过技术经济比较确定。

b. 海水淡化系统的取排水方式宜结合电厂的循环冷却水取排水系统、当地的气候条件等因素合理选择。

c. 海水淡化装置的产品水作为工业、消防和饮用水等用水时，应采取合适的水质调整措施。

⑤ 主要设备设置应符合下列规定：

a. 蒸馏法淡化装置可不设备用，其台数不宜少于 2 台。

b. 反渗透装置不宜少于 2 套，当有 1 套设备清洗或检修时，其余设备应能满足全厂正常补水的要求。

c. 预脱盐系统产品水箱的容积可根据系统出力、预脱盐水用量、预脱盐装置检修周期和时间等因素确定，其台数不宜少于 2 台。

1.2.3 锅炉补给水处理

① 锅炉补给水处理系统应根据进水水质、给水及炉水的质量标准、补给水率、设备和药品的供应条件，以及环境保护要求等因素，经技术经济比较确定。给水及炉水的质量标准应符合现行国家标准《火力发电机组及蒸汽动力设备水汽质量》GB/T 12145 的有关规定。

② 锅炉补给水处理系统的出力应满足火力发电厂全部正常水汽损失的补充水量要求。火力发电厂各项正常水汽损失应按表 1-1 计算。

表 1-1 火力发电厂各项正常水汽损失

序号	损失类别		正常损失
1	厂内水汽循环损失	1000MW 级机组	为锅炉最大连续蒸发量的 1.0%
		300MW 级、600MW 级机组	为锅炉最大连续蒸发量的 1.5%
		125MW 级、200MW 级机组	为锅炉最大连续蒸发量的 2.0%

续表

序号	损失类别	正常损失
2	汽包锅炉排污损失	根据计算或锅炉厂资料，但不少于0.3%
3	闭式热水网损失	热水网水量的0.5%～1.0%或根据具体工程情况确定
4	火力发电厂其他用水、用汽损失	根据具体工程情况确定
5	对外供汽损失	
6	厂外其他用水量	
7	间接空冷机组循环冷却水损失	

注：厂内水汽循环损失包括锅炉吹灰、凝结水精处理再生及闭式冷却系统等水汽损失。

③ 锅炉补给水处理系统可选用离子交换法、预脱盐加离子交换法或预脱盐加电除盐法等除盐系统，应结合工程的具体条件经技术经济比较确定。预脱盐后处理方案应根据进水水质及出水水质要求，经技术经济比较确定，并应符合下列规定：

a. 当采用反渗透预脱盐时，一级反渗透后处理宜采用一级除盐加混床系统，也可采用二级反渗透加电除盐或加混床系统。

b. 当采用蒸馏法海水淡化预脱盐时，其后处理宜采用一级除盐加混床系统；经技术经济比较合理时，也可采用单级混床或一级反渗透加电除盐系统。

c. 当酸碱供应困难或受环保要求限制时，宜选用二级反渗透加电除盐的后处理方案。

④ 除盐设备设置应符合下列规定：

a. 每种形式的离子交换器不应少于 2 台。

b. 离子交换器再生次数宜按每台每昼夜不超过 2 次计算，对于凝汽式火力发电厂，可不设再生备用离子交换器。

c. 当有 1 套（台）设备检修时，其余设备应能满足全厂正常补水的要求。

⑤ 除盐水箱的容量应满足工艺系统运行调节的需要，并应符合下列规定：

a. 除盐水箱的总有效容积应满足最大一台锅炉化学清洗、机组启动和 1～2h 的供水汽量三项中的最大一项用水量要求，汽包炉机组宜为最大一台锅炉 2～3h 的最大连续蒸发量，直流炉机组宜按机组启动冲洗水流量及冲洗时间确定或为最大一台锅炉 3h 的最大连续蒸发量。

b. 当离子交换器不设再生备用设备时，除盐水箱容积还应包括设备再生停运期间所需的备用水量。

⑥ 除盐水泵的容量及水处理室至主厂房的补给水管道，应按能同时输送最大一台机组的启动补给水量或锅炉化学清洗用水量和其余机组的正常补给水量之和选择。

1.3　发电厂化学设计规范（DL 5068—2014）

1.3.1　水的预处理

① 水源选择原则如下：

a. 电厂需有可靠水源，可从地表水、地下水等多种水源中经技术经济比较后选择。

b. 单一水源不可靠或水质季节性恶化时，要考虑备用水源或处理设施；缺水或有环保要求地区，循环水的排污水可作特定补给水处理系统水源。

c. 针对不同类型水源，如地表水要了解水质变化及污染情况、海水要按照现行国家标准《火力发电厂海水淡化工程设计规范》GB/T 50619 的要求掌握相关资料。

② 水处理系统设计中预处理方式的原则：

a. 地表水、海水预处理。一般采用混凝、澄清、过滤工艺。当悬浮物含量小于 20mg/L 时，可用接触混凝、过滤处理。过滤处理经技术经济比较，可采用膜过滤工艺。若悬浮性固体和泥砂含量超过澄清池进水要求，需设置预沉淀设施，且澄清池进水浊度或含砂量要满足相关附录要求。

b. 回收水源处理。对于再生水、矿井排水等回收水源，依据水质特点选择生物反应、混凝澄清、过滤、杀菌等处理工艺。水处理容量大且碳酸盐硬度高的再生水，宜采用石灰混凝澄清处理，且石灰处理系统出水需加酸调整 pH 值。

c. 高非活性硅原水处理。原水非活性硅含量高影响机组蒸汽品质时，可采用接触混凝、过滤或混凝澄清、过滤处理。过滤处理经技术经济比较可采用膜过滤工艺。

d. 地下水处理。地下水宜过滤后使用，含砂时要有除砂措施。若原水有机物含量超过后续系统进水要求，可采用氯化、混凝澄清、活性炭吸附、吸附树脂等处理工艺。

e. 特殊成分处理。水中碳酸盐硬度高时，经技术经济比较，可采用石灰、弱酸离子交换等处理；水中硅酸盐含量高时，经技术经济比较，可采用石灰-镁剂沉淀处理。

③ 当地下水中铁、锰含量不满足后续工艺进水要求时，需设置除铁、除锰设施。除锰适合用接触氧化法，除铁可用接触氧化法或曝气氧化法，曝气装置依据原水水质和曝气程度来选定。

④ 若预处理后水中游离性余氯含量超过后续处理系统进水要求，可采用活性炭吸附或加亚硫酸钠等方法除氯。

⑤ 反渗透预脱盐工艺进水经混凝澄清等预处理后，可采用细砂过滤或超/微滤膜过滤等工艺。

⑥ 各类过滤器进水水质应符合表 1-2 的规定，超/微滤装置进水宜符合表 1-3 的规定。

表 1-2　过滤器进水水质要求

项目	细砂过滤器	双介质过滤器	石英砂过滤器	纤维过滤器	活性炭过滤器
悬浮物/(mg/L)	3～5	≤20	≤20		
浊度/NTU				≤20	≤3

表 1-3　超/微滤系统的进水要求

项目	进水水质
水温/℃	10～40
pH 值（25℃）	2～11

续表

项目		进水水质
浊度/NTU	压力式	<5
	浸没式	以膜制造商的设计导则为准

⑦ 超/微滤装置后续宜设产品水箱，装置的反洗水应采用其产品水。

⑧ 原水加热器应设置在流量稳定的管路上。

⑨ 海水淡化工艺水的预处理需符合标准 GB/T 50619。

1.3.2 预处理设备选择

① 澄清器（池）。澄清器（池）的形式应根据原水水质、处理水量、工艺和水质要求，结合当地条件选形式，出力要核算。澄清器（池）一般不少于 2 台，1 台检修时其余设备能保证供水；短期、季节性处理可设 1 台。

② 过滤器（池）。过滤器（池）的形式应根据进水水质、处理水量、处理工艺和水质要求确定。

③ 超/微滤装置。超/微滤装置的设计应根据进水水质特点、处理水量和水质要求等选择膜材质、膜组件形式和装置的运行方式。超/微滤装置的设计应符合下列规定：

a. 超/微滤装置的套数不应少于 2 套。

b. 超/微滤装置的设计膜通量应根据水源水质及前处理情况合理确定，压力式超/微滤膜通量按 $40\sim65L/(m^2\cdot h)$ 设计，浸没式按 $30\sim40L/(m^2\cdot h)$ 设计。

c. 超/微滤装置的自用水率应根据来水水质及膜厂商推荐数据设计，也可按照压力式为 10%、浸没式为 5%的数值计算。

d. 超/微滤装置的运行、反洗方式及反洗强度根据膜性能、进水水质和工程经验确定。

④ 预处理系统的各种水箱（池）的总有效容积应按系统自用水量、前后系统出力配置及系统运行要求设计，宜为 1～2h 用水量。

1.3.3 预处理设备布置要求

① 澄清器（池）、过滤器（池）、清水箱（池）宜布置在室外，过滤器（池）宜布置在室内。高寒或风沙大的地区，过滤器（池）宜布置在室内，澄清器（池）上部应加顶盖封闭或布置在室内。

② 相邻澄清器（池）的顶部应有连接通道及防护栏杆。

③ 过滤器（池）应设检修爬梯及顶部防护栏杆。

④ 超/微滤装置应布置在室内，并应为超/微滤膜更换留出足够的空间。

⑤ 水泵宜布置在室内，风沙大的地区风机宜布置在室内；风机布置应远离运行值班室，并应采取消音措施。

1.3.4 水的预脱盐

① 水的预脱盐工艺的选择应根据水源类型、水质特点、机组参数及厂址条件等因素确定。工艺选择应符合下列原则：

a. 原水含盐量高于 400mg/L 时，适合用反渗透预脱盐工艺。

b. 水源有机物、活性硅含量高，对给水品质有特殊要求，或经核算机组水汽品质不达标时，采用反渗透预脱盐工艺。

c. 采用反渗透预脱盐时，应根据水源含盐量和后续除盐工艺要求选择一级反渗透或二级反渗透处理。

d. 海水淡化水作工业水系统的水源时，是否用二级反渗透预脱盐经技术经济比较确定。

② 当水源温度低于 10℃时，反渗透装置给水要采取加热措施。

③ 反渗透装置要求的进水应根据所选膜种类、结合膜厂商的设计导则及类似工程经验确定。反渗透装置宜选用卷式复合膜，其进水要求：运行时 pH 值（25℃）为 4～11，清洗时 pH 值（25℃）为 2～11；浊度小于 1.0NTU；淤泥密度指数 SDI_{15} 小于 5；游离性余氯小于 0.1mg/L，控制为 0.0mg/L，同时在膜寿命期内总剂量小于 1000h·mg/L；铁含量在溶解氧大于 5mg/L 时小于 0.05mg/L，铁的氧化速度受多种因素影响；锰含量小于 0.3mg/L；铝含量小于 0.1mg/L；水温范围为 5～45℃，最佳设计水温为 20～25℃。

④ 淡水反渗透装置的脱盐率和回收率的取值应符合：第一级反渗透装置脱盐率在 25℃运行 3 年内为 96%～97%，回收率为 60%～80%；第二级反渗透装置脱盐率在 25℃时为 90%～95%，回收率为 85%～90%；当进水为海水反渗透产品水时，水回收率不宜低于 85%。

⑤ 反渗透装置的出力及套数需根据后续水处理设备配置、对外供水特点及工程投资等经技术经济比较后确定，且不宜少于 2 套，1 套清洗或检修时，其余能满足全厂正常用水量需求。

⑥ 系统设计

a. 反渗透预脱盐系统应根据进水水质、预处理工艺及所选膜的特性选择系统配置。

b. 二级反渗透系统分别设高压泵，二级反渗透高压泵前设缓冲水箱，相关设备如保安过滤器、高压泵、反渗透装置等宜按单元制连接。

c. 反渗透的高压泵需设进水低压保护和出水高压保护开关，出口管设逆止阀。

d. 反渗透产水背压要稳定且不超规定值，产水管设逆止阀和爆破膜或压力释放阀。

e. 浓水管设控制水回收率的浓水流量控制阀，不选背压阀。

f. 二级反渗透装置的浓水应回用到一级反渗透装置的进水。

g. 反渗透各段能独立清洗，并设化学清洗固定管道。

h. 第二级反渗透进水设自动加碱装置，小水量加药时碱液浓度宜小于 10%。

i. 预脱盐产水用作工业、消防用水时，宜设水质调整处理设施。

1.3.5 预脱盐设备布置要求

① 反渗透装置应布置在室内，受场地限制需两层布置时，高压泵宜在底层。

② 保安过滤器要预留滤芯更换空间，反渗透膜壳两端应留有不小于单支膜元件长度 1.5 倍的换膜空间，方便膜元件更换操作。

③ 浓水排放管的布置应保证系统停用时最高一层膜组件不被排空。若浓水排放口低于压力容器，需在高于压力容器的浓水管道上设置虹吸破坏管，防止出现虹吸现象导致膜组件排空损坏。

④ 电除盐装置给水箱适宜布置在室内，可避免室外环境对水箱及内部水质的影响。

1.3.6 水的除盐处理

① 除盐系统的设计应根据进水水质、除盐水水质要求、水量及对外供水工况等因素，通过技术经济比较来确定。

② 阳、阴离子交换器进水指标应符合表 1-4 的规定，混合离子交换器进水水质应符合表 1-5 的规定。

表 1-4　阳、阴离子交换器进水要求

项目	进水指标	备注
水温/℃	5～45	Ⅱ型阴离子交换树脂、聚丙烯酸阴离子交换树脂的进水水温需小于 35℃
浊度/NTU	对流<2，顺流<5	—
游离性余氯/(mg/L)	<0.1	—
铁/(mg/L)	<0.3	对于用酸再生的离子交换器，铁可小于 2mg/L
化学耗氧量（$KMnO_4$ 法）/(mg/L)	<2	对弱酸离子交换器可适当放宽

表 1-5　混合离子交换器进水要求

项目	进水指标	项目	进水指标
电导率（25℃）/(μS/cm)	<10	碳酸化合物/(μmol/L)	<20
二氧化硅/(μg/L)	<100	含盐量/(mg/L)	<5

③ 当酸碱供应困难或受环保要求限制时，预脱盐产水后续处理可采用电除盐工艺，其进水水质需满足表 1-6 所列要求。

④ 火力发电厂除盐系统的出水水质应符合国家标准《火力发电机组及蒸汽动力设备水汽质量》GB/T 12145 的规定，核电厂的除盐水质要满足一回路、二回路对用水水质的要求。

表 1-6 电除盐装置进水水质要求

项目	期望值	控制值
水温/℃	—	5～40
电导率（25℃）/(μS/cm)	<20	<40
总可交换阴离子/(mmol/L)	—	0.5
硬度/(mmol/L)	<0.01	<0.02
二氧化碳/(mg/L)	<2	<5
二氧化硅/(mg/L)	<0.25	≤0.5
铁/(mg/L)	<0.01	—
锰/(mg/L)	<0.01	—
总有机碳（TOC）/(mg/L)	<0.5	—
pH 值（25℃）	5～9	

⑤ 除盐水箱的总有效容积要与除盐系统出力、机组容量和扩建条件相协调，且数量不少于 2 台。不同类型机组的除盐水箱有效容积要求包括：直流炉机组为最大一台锅炉 3h 的最大连续蒸发量；汽包炉凝汽式机组为最大一台锅炉 2～3h 的最大连续蒸发量；间接空冷机组要大于或等于最大一台锅炉 3h 最大连续蒸发量，同时满足最大一台机组间冷循环水系统启动上水要求；背压供热机组为 4h 的锅炉正常补水量；有外供除盐水或外供蒸汽时，除盐水箱需另计 2h 的外供除盐水或外供蒸汽量；核电厂除盐水箱的总有效容积为最大一台机组蒸汽发生器 1.0～1.5h 的额定蒸汽流量，机组数量多于 4 台时，总有效容积宜为最大一台机组蒸汽发生器 1.5～2h 的额定蒸汽流量，用于满足蒸汽供应及存储需求。

⑥ 离子交换系统容量计算要包含自用水量，设备根据正常出力配置，1 套（台）检修时其余能满足全厂正常补水。离子交换器套数多于 6 套时宜设再生备用设备；不设时，除盐水箱贮存再生备用水，保证系统连续运行。

⑦ 在设计水质下，阳、阴离子交换器运行周期不小于 24h，最差水质时不小于 16h；混合离子交换器运行周期不小于 168h，以确保设备运行稳定性和经济性。

1.3.7 除盐处理设备选择

① 各类离子交换器或电除盐装置不少于 2 台，保证系统可靠性，设计参数按照相关规定确定。

② 强型树脂离子交换器宜采用对流再生，弱型树脂离子交换器可采用顺流再生；当连续制水量大时选浮动床；单室离子交换器树脂层高不小于 1.0m。

③ 单室固定床离子交换器反洗膨胀高度为树脂层高的 75%～100%；浮动床和双室固定床要设树脂体外清洗罐，清洗罐反洗膨胀高度也按此范围，防止反洗时树脂溢出。

④ 对流再生离子交换器需设置 200～300mm 的压脂层，用于防止树脂乱层；双室床

的下室或浮动床离子交换器内的惰性树脂填充率要达到 98%～100%，且惰性树脂的高度应足以填充水帽高度层空间，以保证交换效果和设备稳定运行；浮动床离子交换器再生废液排出采用倒 U 形排水管，且排水管要高于设备顶部，并设置虹吸破坏管，避免树脂流失，确保再生废液正常排放。

⑤ 混合离子交换器的设计应符合两点规定，一是失效树脂宜体内再生，方便操作且节省树脂转移过程；二是一级离子交换除盐后续混合离子交换器的阳、阴离子树脂体积比宜为 2∶3 或 1∶2，混合树脂层高宜为 1.2～1.5m，阳离子树脂层高不应低于 500mm。这些参数有助于保证离子交换的充分性和出水水质。

⑥ 除二氧化碳器及附属设施的设计应符合如下规定：

a. 除二氧化碳器宜采用鼓风式除二氧化碳器，淋水密度按 $48\sim60m^3/(m^2 \cdot h)$ 设计，以有效脱除水中二氧化碳。

b. 除二氧化碳器出水口设水封管，排气口设水气分离装置，排气管接至室外并防雨水回流，保证设备运行安全和室内环境。

c. 风机室外吸气时要有滤尘措施，防止灰尘进入影响设备性能。

d. 除碳水箱的有效容积，串联系统为每系列除盐设备出力的 2～5min 贮水量且不小于 $2m^3$，并联系统为 15～30min 贮水量，满足系统运行时的水量缓冲需求。

e. 采用真空除气时，抽真空方式可用真空泵或多级蒸汽喷射泵。

⑦ 电除盐装置的设计应符合下列规定：

a. 给水泵、保安过滤器、电除盐装置的连接宜采用单元制连接，有利于保证系统的稳定性和水质的一致性；当采用母管制连接时，电除盐装置进水管宜设流量控制阀，用于控制进水流量，保证处理效果。

b. 给水泵宜采取变频控制，可根据实际用水需求调节水泵转速，节能且稳定供水。

c. 保安过滤器的滤芯过滤孔径不大于 3μm，能有效过滤杂质，保护后续设备。

d. 电除盐回收率根据进水水质计算确定，宜为 90%～95%。

e. 每个电除盐模块的各类水管（给水管、浓水进水管等）均宜设置隔离阀，便于模块检修；产水管上宜设置取样阀，方便监测产水水质。

f. 电除盐装置宜设计停用后的延时自动冲洗系统，清洗系统通过固定管道连接，可防止内部结垢等，延长设备寿命。

g. 电除盐模块设计要确保给水不断流，有断流自动断电保护，管道可靠接地，保障设备和人员安全。

h. 电除盐装置供电方式可采用模块单独直流供电或多模块配一台整流装置，每个模块设电流表，便于监测运行状态。

⑧ 除盐水泵容量和台数选择满足机组用水需求。除盐水泵应设备用，也可采用变频控制，保证供水可靠性和灵活性。

1.3.8 除盐处理设备布置要求

① 除盐设备宜室内布置。露天布置时，相关操作盘、取样装置等宜集中设置，并采

取防雨、防晒、防冻等措施，保护设备正常运行。

② 经常检修的设备，可按结构形式等设置检修平台等，方便维护检修。

③ 除盐设备的布置原则：

a. 面对面布置时，阀门全开后的操作通道净间距不小于 2m，巡回检查通道净宽不小于 0.8m，目的是方便操作人员操作和巡检。

b. 两台设备间的净间距不小于 0.4m，保证设备间有足够空间，避免相互干扰。

c. 设备台数较多时，每 4～5 台设备间留通道，通道净间距不小于 0.8m，便于人员通行和设备维护。

d. 电除盐装置要根据结构合理布置，便于检修和模块更换，以保障设备后期维护的便利性。

④ 生水泵、清水泵、并联系统的除碳水泵、除盐水泵、再生水泵等宜集中布置在单独的泵房内。

⑤ 除盐水箱宜布置在室外，寒冷地区的室外水箱及附件要有防冻和保温措施，防止水箱及附件冻裂损坏。

⑥ 除盐水制备车间应设运行分析室，用于对制水过程中的水质等参数进行分析和监控。

1.4　反渗透海水淡化工程设计规范（HY/T 074—2018）

1.4.1　海水预处理

① 海水水源进入反渗透淡化装置前应进行预处理，预处理后的海水水质应达到表 1-7 的要求。

表 1-7　反渗透海水淡化装置进水水质要求

浊度/NTU	淤泥密度指数 SDI（15min）	余氯 /(mg/L)	总铁 /(mg/L)	pH 值	水温/℃
<1	<5	<0.1	<0.1	3～10	2～40

② 海水预处理应以处理水量、水质、工艺设备（或设施）特性和环境条件为依据，通过试验或参照成功的海水淡化工程项目，经设计计算和技术经济比较，首选投资和运行成本低、运行稳定、节能减排、易于操作管理的预处理方案。

③ 海水预处理设计处理水量应为反渗透海水淡化系统的进水量和预处理系统的自耗水量之和。

④ 海水预处理系统的自耗水量包括预处理设备（或设施）的冲洗、化学清洗用水和排泥水等。自耗水量大小与海水水质、预处理工艺、设备（或设施）类型等有关，一般自耗水量可按反渗透海水淡化系统进水量的 6%～15%测算。

⑤ 海水预处理设备（或设施）的设计应考虑海水水质随时空的变化性，必要时应按

历年最差的海水水质和最大处理量进行校核。

⑥ 海水预处理设备（或设施）与水接触的部件材质应耐海水腐蚀。

⑦ 海水预处理投加的水处理剂应保证生活和生产用水的安全。

1.4.2　预处理工艺流程

以海水水质情况作为预处理工艺设计的参考依据。预处理中过滤工艺应采用不同级配滤料的一级、二级过滤或超（微）滤膜过滤。

对常年浊度大于 30NTU 的海水，宜采用“絮凝—沉淀（或澄清）—过滤”预处理工艺，其中的过滤工艺宜采用“二级滤料过滤”或“一级滤料＋超（微）滤膜过滤”。

1.5　计算说明书的撰写规范

撰写水处理计算说明书时，应遵循一定的规范和结构，以确保内容的准确、清晰和专业性。以下是一份基本的撰写规范，适用于不同类型的水处理项目，包括饮用水处理、废水处理、工业用水处理等。

（1）封面

封面包括：①项目名称，明确指出处理项目的全称；②编制单位，编写该说明书的单位或个人名称；③编制日期，完成说明书的具体日期；④版本号/修订号，如有必要，标注文档的版本或修订信息。

（2）目录

自动生成或手动编排，列出各章节标题及页码，便于查阅。

（3）概述

概述包含：①项目背景，简要介绍项目的背景、目的和意义；②处理目标，明确指出水处理的目标，如去除特定污染物、达到何种水质标准等；③设计依据，列出采用的设计规范、标准、相关法律法规等。

（4）原水水质分析

① 数据来源：说明水质数据如何获取，是否为现场监测或历史数据。

② 水质参数：列出关键水质参数，如 pH 值、浊度、化学需氧量（COD）、生化需氧量（BOD）、重金属含量等，并附上具体数值。

（5）处理工艺选择与设计

该项内容包括以下内容。

① 工艺流程概述：描述选定的处理工艺流程，包括预处理、主要处理和后处理等阶段。

② 关键设备选型：针对每一步处理，说明所选设备的型号、规格、工作原理及计算依据。

③ 设计参数计算有以下内容。

a. 流量计算：根据处理需求，计算所需处理的水量。

b. 负荷计算：根据原水水质和处理目标，计算各处理单元的处理能力。

c. 尺寸与容量计算：对反应池、沉淀池、过滤器等的尺寸进行计算。

d. 化学药剂投加量计算：如混凝剂、杀菌剂等的投加量计算。

e. 能耗与成本估算：估算整个系统运行的能耗和运营成本。

(6) 环境影响评估

① 排放标准：明确处理后水体需达到的排放标准。

② 环境影响分析：评估处理过程中可能产生的二次污染及控制措施。

(7) 安全与操作管理

① 安全措施：提出在施工和运营过程中的安全预防措施。

② 操作规程：制定日常操作、维护和应急处理的规程。

(8) 结论与建议

① 结论：总结水处理方案的可行性、优势及潜在问题。

② 建议：提出优化设计、提高效率或降低成本的建议。

(9) 附件

相关图表、数据表格、参考文献、设备手册、计算公式推导等。

(10) 注意事项

① 数据准确性：确保所有数据和计算基于可靠来源，且精确无误。

② 逻辑清晰：内容组织应条理分明，逻辑清晰。

③ 专业术语：适当使用专业术语，同时对于非专业人士可能不熟悉的术语提供简明定义或解释。

④ 图表辅助：利用图表、流程图等直观展示复杂信息，增强可读性。

⑤ 校对与审阅：完成初稿后，进行仔细校对，必要时请领域专家审阅，确保无误。

遵循以上规范，可以有效地撰写出一份既专业又易于理解的水处理计算说明书。

1.6 杜邦 WAVE 软件的说明

杜邦 WAVE 软件的全称为 Water Application Value Engine（水应用价值引擎），是一个专门为水处理系统设计的先进建模软件。该软件的独特之处在于它将三种领先的水处理技术（超滤、反渗透及离子交换）整合到一个统一的综合平台上。WAVE 软件的主要功能和用途包括以下内容。①系统设计：用户可以利用该软件设计复杂的水处理系统，从初步规划到详细组件布局，都能在软件中完成。②运行模拟：软件允许用户模拟不同工况下的水处理系统运行情况，帮助预测系统性能、评估能耗、优化操作参数，并且可以提前识别潜在的问题点。③性能分析：通过模型计算，WAVE 软件能够分析系统在处理水质、产水量、回收率等方面的效能，支持用户做出基于数据的决策。④成本效益评估：软件还能够辅助进行经济评估，比如计算处理成本、比较不同设计方案的性价比，从而帮助用户选择最经济有效的解决方案。⑤技术整合：集成的 UF、IX 和 RO 技术模型使得用户能在一个平台上探索和优化多种技术组合，获得更高效的水处理方案。

① 超滤（UF）特征：包括最新的陶氏超滤产品，含 XP 纤维的 Integra Flux™ 和 Integra Pac™ UF 模块；应用于饮用水领域和非饮用水领域产品；最新的设计指南和压力额定值曲线；滤膜完整性测试能力；能够确定化学增强反冲洗（CEB）和就地清洗（CIP）的 pH 值，将跨膜压力（TMP）斜率引入反冲洗（BW）/CEB/CIP，为恒定流量与恒定产量进行设计，并使用 RO 浓缩液进行清洗。

② 离子交换（IX）特征：包括陶氏离子交换全系列产品；对所有工艺和树脂使用统一的数据；能够对 13 个工艺进行建模，包括软化、脱碱、去矿化、RO/IX 纯化、冷凝液纯化及硝酸盐去除；7 个 IX 再生方案，包括并流、水或空气阻塞填充床、AmberPack™、Upcore™IX 系统，以及内部和外部混床。

③ 反渗透（RO）特征：提供计算方面得到改进的最新陶氏反渗透产品数据库，包括 FilmTec™Fortilife™ 和 FilmTec™ECO 元件；增强的内部分段式设计（ISD）能力——压力容器中的每个元件现在都可以唯一界定；用 ISD 分离渗透液；旁路、通路及阶段水平回收循环；新系统水平液压流量计算器；有可能进行同步批量案例创建的批量建模；按元件位置发出设计警告；在报告中增加了压降数据。

第2章 水质净化系统方案的选择

2.1 净化系统的性质及规模水质要求

水质净化系统，旨在提升水质安全和适用性，具有以下性质。

① 高效净化能力：能有效去除水中的有害物质，包括但不限于细菌、病毒、原生动物、重金属离子、有机物、悬浮物、泥砂、铁锈等，确保水质安全。

② 多功能性：整合多种净化技术，如物理过滤（砂滤、活性炭滤）、化学处理（使用混凝剂、氧化剂）、生物处理（利用微生物降解有机物）及消毒技术（如紫外线、氯化）等，形成综合净化体系。

③ 水质稳定性维持：通过自动监测和调节水质参数（如 pH 值、温度、消毒剂残留量），保持水质稳定，防止水质因外界因素迅速变化，确保适宜游泳或饮用。

④ 自动化与智能化：现代水质净化系统往往配备自动控制系统，能够根据水质监测数据自动调节处理流程，部分系统还能远程监控和管理，提高运营效率和便利性。

⑤ 环保与可持续性：设计时考虑资源节约和环境影响，如采用低能耗设备、循环利用水资源、减少化学药剂使用，并确保排放水符合环保标准。

⑥ 用户友好性：操作简便，维护成本相对较低，滤材更换周期长或有提醒功能，适合不同规模的应用场景，从家用到工业级均有相应解决方案。

⑦ 定制化服务：针对不同水源和用途（如饮用、灌溉、游泳池、工业用水等），可提供定制化的净化方案，确保满足特定的水质要求。

⑧ 卫生与安全标准：遵循国家或国际的饮用水或特定用途水质标准，确保输出水质达标，保障公共健康。

综上所述，水质净化系统集成了多种技术和设计理念，以实现高效、稳定、环保和智能化的水质处理目标，适用于各种不同的需求和环境。

水质净化系统的规模和水质要求紧密相关，具体需求会根据系统的应用领域（如饮用水、工业用水、游泳池用水、农业灌溉用水、医疗用水、电厂用水等）和水源条件（如地表水、地下水、城市自来水等）而有所不同。以下是一些基本的指导原则和要求。

（1）饮用水净化系统

① 规模：从家用小型反渗透系统到大规模的自来水厂，规模不等。

② 水质要求：需严格遵守国家《生活饮用水卫生标准》GB 5749—2022，要求溶解性总固体（TDS）通常小于等于 1000mg/L，直接饮用水则要求更低，小于 50mg/L。还需考虑微生物指标（如大肠埃希菌不得检出）、化学物质含量（如重金属、有机污染物）、消毒副产物等。

（2）工业用水净化系统

① 规模：依据工业类型和用水量，从小型至超大，规模不等。

② 水质要求：依据具体工业用途，可能需要去除特定杂质（如硬度、重金属、硅酸盐等），并达到特定电导率、pH 值、溶解氧等指标，如电力、半导体、食品饮料等行业对水质要求各异。

（3）游泳池用水净化系统

① 规模：根据游泳池大小，从家用小型到公共大型游泳池净化系统。

② 水质要求：需符合国家或地方的公共卫生标准，关注指标包括 pH 值（通常 7.2～7.8）、游离性余氯含量（保持消毒效果）、浑浊度、微生物（如大肠菌群）、尿素含量等。

（4）农业灌溉用水净化系统

① 规模：可大可小，取决于灌溉面积和水源条件。

② 水质要求：关注盐分（特别是 TDS）、有害元素（如钠、硼、重金属）含量，以及悬浮物和微生物污染，避免对作物生长产生不利影响。

（5）医疗用水净化系统

① 规模：根据医疗机构需求，从小型到大型中央净化系统。

② 水质要求：极为严格，除了满足饮用水标准外，还需额外考虑无菌、无热原、特定的微生物指标和化学成分限制，以适应医疗过程的特殊需求。

（6）电厂用水净化系统

电厂用水净化系统是确保电厂正常运行的关键组成部分，分为两个主要部分：化学水处理系统和循环水处理系统。它们的规模和水质要求各有特点。

1）化学水处理系统

① 规模：根据电厂的发电容量和蒸汽循环系统的特性设计，大型电厂的化学水处理系统规模庞大，每日处理水量可达数千至上万立方米。

② 水质要求如下。

a. 高压锅炉给水：要求硬度极低，几乎不含溶解氧，固体含量、有机物含量极微，以防止锅炉内部结垢和腐蚀，延长设备寿命。

b. 补给水：经过反渗透、离子交换或电去离子（EDI）等深度净化，确保水质纯净，满足锅炉补给水的高标准要求。

c. 凝结水处理：回收的蒸汽冷凝水需去除微量杂质，确保回用时不会影响蒸汽品质。

2）循环水处理系统

① 规模：同样依据电厂规模，循环水量巨大，每天处理水量可能达到数十万甚至上百万立方米，用于冷却发电机、涡轮机等设备。

② 水质要求如下。

a. 浊度：需控制在较低水平，减少对设备的磨损和堵塞。

b. 钙硬度：控制硬度成分，预防结垢。

c. 碱度：保持适宜的 pH 值，防止腐蚀。

d. 微生物控制：有效抑制微生物的生长，以免堵塞管道和换热器，影响热交换效率。

e. 腐蚀控制：通过添加缓蚀剂等措施，保护循环水系统内的金属材料免受腐蚀。

综上，电厂水质净化系统的设计与运行必须严格遵循相关的行业标准和规范，确保水质满足设备运行要求，同时也要考虑经济性和环保性，比如通过优化药剂使用、提高循环利用率和采用先进的处理技术来降低运营成本和环境影响。

总之，不同规模和用途的水质净化系统在设计时，都需充分考虑最终水质目标，确保处理后的水质既安全又适合特定用途。

2.2 净化系统的目标水质要求

2.2.1 火电厂的进水水质要求

火电厂的进水水质要求主要针对其锅炉补给水系统，因为水质直接关系到锅炉的运行效率、设备寿命和安全性。以下是一些基本的进水水质要求。

① 硬度：硬度（主要是钙、镁离子）需严格控制，一般要求硬度不大于 0.03mmol/L，以防止在锅炉内部形成坚硬的水垢，降低传热效率并可能引起管路堵塞或爆裂。

② 碱度：碱度指标应根据实际工况调整，但必须控制在合理范围内以维持水汽系统的 pH 值稳定，避免腐蚀。

③ 溶解氧：给水中的溶解氧含量应严格控制，通常要求小于 0.05mg/L，以减少氧腐蚀，延长设备使用寿命。

④ 电导率与电阻率：电导率反映水中离子总量，一般要求不超过 2000μS/cm；电阻率则是水质纯度的指标，应不低于 0.1MΩ·cm。

⑤ 悬浮物与胶体物质：悬浮物含量要求极低，通常不得超过 1mg/L，以防止堵塞管道和热交换器；胶体物质也应尽量去除。

⑥ 氯离子与硫酸根：这两类离子具有腐蚀性，要求氯离子含量小于 100mg/L，硫酸根不超过 500mg/L。

⑦ 含油量：水中含油量过高会影响水处理效果并可能导致设备故障，一般要求含油量不超过 5mg/L。

⑧ 微生物：应控制微生物生长，以避免生物膜的形成和对系统的生物腐蚀。

⑨ 原水预处理：原水在进入锅炉之前需经过预处理，如混凝、沉淀、过滤等步骤，以去除悬浮物、有机物和部分硬度。

⑩ 软化与除盐：大多数情况下，原水还需经过软化处理，以去除硬度离子；对于更高要求的系统，可能还需要进行除盐处理，得到几乎不含矿物质的纯水。

⑪ 除氧：除氧是必要的预处理步骤，通常采用热力除氧或化学除氧方法，确保给水中的溶解氧含量符合要求。

火电厂的进水水质要求需遵循相关的国家标准和行业规范，如《火力发电机组及蒸汽动力设备水汽质量》（GB/T 12145—2016 或其他最新版本），以及《工业锅炉水质》（GB/T 1576—2018 或其他适用版本），具体要求可能因机组类型、工作压力、设备特点及地方环境条件等因素有所不同。

2.2.2 核电厂的进水水质要求

核电厂的进水水质要求通常比常规火电厂更为严格，因为核电站对冷却系统的可靠性与安全性有着极高的标准。核电厂的进水主要用于冷却反应堆、涡轮机及其他辅助系统，确保核电站安全稳定运行。以下是一些核电厂进水水质的主要要求。

① 悬浮固体（SS）：要求非常低，通常要求低于 1mg/L，以防止堵塞管道、热交换器及影响传热效率。

② 浊度：同样要求很低，一般要求低于 0.1NTU 或 0.5NTU，以确保冷却水系统的清洁。

③ 硬度：控制硬度水平是为了防止结垢，特别是在冷却系统中，硬度过高会导致热交换器效率下降，一般要求硬度极低或几乎为零。

④ 腐蚀性离子：如氯离子、硫酸根等应控制在低水平，以减少对管道和设备的腐蚀。

⑤ 微生物：严格控制微生物含量，以避免生物膜的形成，减少对系统的微生物腐蚀风险。

⑥ 有机物：有机物含量也需限制，以防止其在系统中分解产生腐蚀性物质或促进微生物生长。

⑦ 溶解氧：根据系统设计，溶解氧可能需要严格控制，以减少氧腐蚀，一般要求低于几微克每升（μg/L）。

⑧ 放射性物质：尽管进水本身不会含有放射性物质，但核电厂对监测进水中的放射性物质含量有严格要求，确保不会引入额外的辐射风险。

⑨ 温度：对于使用海水作为冷却水的核电厂，进水温度也是一个考虑因素，因为它对冷却效率和生态有影响。

⑩ 预处理：核电厂通常有复杂的预处理系统，包括过滤、沉淀、消毒（如氯化或紫外线消毒）、软化和可能的脱盐（如反渗透）等，以确保进水水质满足高标准。

值得注意的是，核电厂的具体进水水质要求会依据所在地区的环境条件、使用的具体技术和设备要求及当地的法律法规来确定，且往往远高于常规工业标准。因此，核电厂需遵循严格的国家标准和国际原子能机构（IAEA）的相关指南。

2.2.3 海水淡化厂的进水水质要求

海水淡化厂的进水水质要求主要取决于所采用的淡化技术。以下是基于反渗透（reverse osmosis，RO）和热法（thermal desalination）两种主要淡化工艺的一般性要求概览。

（1）反渗透（RO）工艺

对于使用反渗透工艺的海水淡化厂，进水水质要求相对较高，通常包括但不限于以下几点。

① 悬浮固体（SS）：应低于0.5mg/L。

② 浊度：不大于0.1NTU（浊度单位）。

③ 淤泥密度指数（SDI）：应低于3，是衡量水中颗粒堵塞膜能力的指标。

④ 温度：适宜的操作温度范围一般在1～45℃之间。

⑤ pH值：介于2～11之间。

⑥ 有机物含量（COD）：应小于1.5mg/L。

⑦ 浊度：控制在1.0NTU以下。

（2）热法工艺

相比之下，热法淡化［如多级闪蒸（MSF）、多效蒸发（MED）等］对进水水质的要求相对宽松，因为这些工艺更能容忍较高的悬浮物和浊度水平。主要关注的是防止设备结垢和腐蚀，因此：

① 硬度、碱度和结垢潜力（scaling potential）是更关键的参数，需要通过预处理有效控制。

② 温度、压力和流量也是重要的操作参数，但直接的水质限制不如RO工艺严格。

（3）通用要求

无论采用何种淡化技术，都需注意控制进水中的微生物、藻类及可能对设备造成损害的有害物质含量。此外，适当的预处理系统（如沉淀、过滤、絮凝、杀菌等）是确保满足淡化设备进水水质要求的关键。

请注意，具体的水质要求可能因设备制造商的推荐、当地环境法规及最终产水用途的不同而有所差异。因此，在设计和运行海水淡化厂时，应详细参考设备手册、国家或国际标准（如GB/T 43230—2023《反渗透海水淡化产品水水质要求》）及相关环境和健康安全规定。

2.2.4 热电厂的进水水质要求

热电厂的进水水质要求主要针对其锅炉补给水系统，确保高效、安全地运行。以下是热电厂对进水水质的一些关键要求。

① 悬浮物和杂质：要求进水中悬浮固体（SS）含量极低，通常要求低于1mg/L，以防止设备堵塞和磨损。

② 硬度：硬度（主要是钙、镁离子）需控制在较低水平，一般要求硬度不大于0.03mmol/L，以减少水垢形成。

③ 碱度：碱度需要适当控制，以维持水处理和锅炉水循环中的pH值平衡，具体数值依系统而定。

④ 溶解氧：溶解氧含量需严格控制，通常低于0.1mg/L，以减轻设备的氧化腐蚀。

⑤ 电导率与电阻率：电导率反映水中离子含量，要求一般不超过2000μS/cm；电阻率则应保持在0.1MΩ·cm以上，确保水质的纯净。

⑥ 氯离子与硫酸根：这两种离子有腐蚀性，要求氯离子含量小于100mg/L，硫酸根不超过500mg/L。

⑦ 含油量：含油量应控制在非常低的水平，通常不超过5mg/L，以防污染水质和影响热交换效率。

⑧ 微生物：进水应经过消毒处理，确保微生物含量在控制范围内，避免生物膜形成和微生物腐蚀。

⑨ 预处理：原水在进入锅炉前需经过预处理，包括沉淀、过滤、软化等步骤，有时还包括反渗透等深度处理，以达到所需的水质标准。

⑩ pH值：适宜的pH值对防止腐蚀和结垢非常重要，一般控制在一定范围内，比如7.0～9.0之间。

热电厂会根据自身的锅炉类型、运行压力、设备材料及环保要求制定具体的水质指标。这些要求遵循国家或国际的行业标准，如中国的《工业锅炉水质》（GB/T 1576—2018）或其他适用的规范。确保进水水质符合标准是保证热电厂长期安全、经济运行的基础。

2.3 净化系统的原水水质及校核

水质资料（表2-1）是选择水处理方案和工艺系统、进行设备设计及确定化学药品耗量的重要基础资料，所以水质资料的正确与否，直接关系到设计结果是否可靠。为了确保水质资料准确无误，必须在设计开始之前，对水质资料进行必要的校核。校核就是根据水质各分析项目之间的关系，验证其数据的可靠性。

表2-1 原水水质全分析项目

水样名称： 取样地点： 取样时间：

水温： 气味： 颜色：

项目	符号	单位	数值	项目	符号	单位	数值
全固体	QG	mg/L		电导率	EC	μS/cm	
悬浮物	XG	mg/L		pH	pH	—	
溶解性固体	RG	mg/L		游离CO_2	CO_2	mg/L	
灼烧减量	SG	mg/L		钙	Ca	mg/L，mmol/L	

续表

项目	符号	单位	数值	项目	符号	单位	数值
镁	Mg	mg/L，mmol/L		全硅	SiO_2	mg/L	
硬度	YD，H	mmol/L		硅酸根	SiO_3^{2-}	mg/L	
钠	Na	mg/L		铁	Fe	mg/L	
碱度	JD，A	mmol/L		铁铝氧化物	R_2O_3	mg/L	
氯化物	Cl^-	mg/L		铜	Cu	mg/L	
硫酸盐	SO_4^{2-}	mg/L		氨	NH_3	mg/L	
硝酸盐	NO_3^-	mg/L		溶解氧	O_2	mg/L	
亚硝酸盐	NO_2^-	mg/L		化学需氧量	COD_{Mn}	mg/L	
腐殖酸盐	Fy	mmol/L		总有机碳	TOC	mg/L	
硫化氢	H_2S	mg/L		安定性	Ax	—	
游离氯	Cl_2	mg/L		油	Oil	mg/L	

水质分析结果的校核，一般分为数据性校核和技术性校核两类。数据性校核是对数据进行核对，保证数据不出差错；技术性校核是根据天然水中各成分的相互关系，检查水分析资料是否符合水质组成的一般规律，从而判断分析结果是否正确。经过校核，如发现误差较大，应重新取样分析。校核一般包括以下几个方面。

（1）阴阳离子含量的审查

根据电荷平衡原理，水中各种阴离子电荷的总和必须等于各种阳离子电荷的总和，即

$$\sum A=\sum K(\text{mmol/L})$$

阳离子单位电荷总和 $\sum K$ 为

$$\sum K=\frac{\rho_{Ca^{2+}}}{20.04}+\frac{\rho_{Mg^{2+}}}{12.16}+\frac{\rho_{Na^{+}}}{22.99}+\frac{\rho_{K^{+}}}{39.10}+\frac{\rho_{Fe^{3+}}}{18.62}+\cdots(\text{mmol/L})$$

阴离子单位电荷总和 $\sum A$ 为

$$\sum A=\frac{\rho_{Cl^{-}}}{35.45}+\frac{\rho_{SO_4^{2-}}}{48}+\frac{\rho_{HCO_3^{-}}}{61.02}+\frac{\rho_{NO_3^{-}}}{62}+\frac{\rho_{NO_2^{-}}}{46}+\cdots(\text{mmol/L})$$

式中，$\rho_{Ca^{2+}}$、$\rho_{Mg^{2+}}$、$\rho_{Na^{+}}$、$\rho_{K^{+}}$、$\rho_{Fe^{3+}}$、$\rho_{NO_3^{-}}$、$\rho_{NO_2^{-}}$、$\rho_{HCO_3^{-}}$、$\rho_{SO_4^{2-}}$、$\rho_{Cl^{-}}$……是它们各自在水中的浓度，mg/L。

（2）含盐量与溶解固体的校核

水的含盐量表示水中阴阳离子之和，即

$$含盐量=\sum A'+\sum K'(\text{mg/L})$$

式中　$\sum A'$——水中除溶解硅酸根外的所有阴离子之和，mg/L；

$\sum K'$——水中除铁、铝之外的所有阳离子之和，mg/L。

溶解固体（RG）是将水样蒸干，并在105℃下烘干至恒重的固体物质量。它除了包括上述的阳离子和阴离子外，还包括全硅、铁铝氧化物、有机物等离子及非离子态的溶解成分或胶体成分。另外，在它蒸干和烘干的过程中，某些物质如 HCO_3^- 还会分解，即

$$2HCO_3^- \longrightarrow CO_3^{2-} + CO_2\uparrow + H_2O$$

其损失的质量为

$$\frac{M_{CO_2}+M_{H_2O}}{2M_{HCO_3^-}}=\frac{62}{122}\approx 0.51$$

所以将溶解固体与含盐量进行比较时，必须对溶解固体值进行修正。若用RG′代表修正后的溶解固体，则其计算式（式中有机物一项由于数值小可忽略不计）如下：

$$RG'=RG-m(SiO_2)_q-m(R_2O_3)-\sum m(\text{有机物})+0.51m(HCO_3^-)$$

式中，q表示全溶解硅。

因此，对含盐量与溶解固体进行校核时，其误差 ∂ 为

$$\partial=\left|\frac{RG'-\text{含盐量}}{\text{含盐量}}\right|\times 100\%\leqslant 5\%$$

对于含盐量≤100mg/L的水，可将误差放宽至 $\partial\leqslant 10\%$。

(3) pH值的校核

实测的pH值可能存在一些误差，因此利用水中的 HCO_3^- 和 CO_2 浓度，依据碳酸平衡关系，计算水的理论pH值pH′，借此检查实测pH值的准确性。要求其误差 δ 为

$$\delta=|pH-pH'|\leqslant 0.2$$

对于pH值小于8.3的水样，pH′可按下式计算，即

$$pH'=6.37+\lg c_{HCO_3^-}-\lg[CO_2]$$

式中 $c_{HCO_3^-}$——水中重碳酸盐碱度，mmol/L；

$[CO_2]$——水中游离 CO_2 含量，mmol/L。

(4) 硬度与碱度关系的校核

水中碳酸盐硬度（H_T）、非碳酸盐硬度（H_F）、钙硬（H_{Ca}）、镁硬（H_{Mg}）之间应符合下列关系，即

$$H=H_{Ca}+H_{Mg}=H_T+H_F$$

水中的硬度（H）的大小与碱度（A）的大小之比，能判别是碱性水或非碱性水。当碱度大于硬度（$A>H$），即 $[HCO_3^-]>[1/2Ca^{2+}]+[1/2Mg^{2+}]$，是碱性水。水中的钙、镁离子都形成碳酸氢盐，没有非碳酸盐硬度，水中还有钠离子和钾离子的碳酸氢盐，这个碳酸氢盐量称为过剩碱度（A_G），即"负硬"。当硬度大于碱度（$H>A$），此时水中有非碳酸盐硬度存在，是非碱性水。它们可分为钙硬水和镁硬水。钙硬水中 $[1/2Ca^{2+}]>[HCO_3^-]$，水中有钙的非碳酸盐硬度而没有镁的碳酸盐硬度。镁硬水中 $[1/2Ca^{2+}]<[HCO_3^-]$，水中有镁的碳酸盐硬度而没有钙的非碳酸盐硬度。

2.4 水质净化方案的选择

根据不同的水质来源及特点，如表 2-2 所示，一般有相应的要求：

① 自来水作水源时，由于自来水消毒要求其管网末端余氯大于 0.05mg/L，所以有时会超过后续系统要求的标准（<0.1mg/L），必要时可考虑除氯措施（投加亚硫酸钠或增加活性炭吸附）。如果自来水中胶体硅含量较高，经核算锅炉蒸汽质量不符合要求时（多发生在用地下水作自来水水源而又未经混凝处理时），还应进行混凝处理。

表 2-2 常见的预处理系统及其出水水质

<table>
<tr><th colspan="2" rowspan="2">系统</th><th colspan="5">出水水质</th></tr>
<tr><th>浊度/(mg/L)</th><th>COD_{Mn}/(mg/L)</th><th>氯/(mg/L)</th><th>铁/(mg/L)</th><th>胶体硅</th></tr>
<tr><td rowspan="2">以自来水作水源</td><td>直供</td><td><5</td><td></td><td>>0.05</td><td><0.3</td><td rowspan="2">与自来水处理工艺有关</td></tr>
<tr><td>过滤—除氯</td><td><5</td><td></td><td>0</td><td><0.3</td></tr>
<tr><td rowspan="5">以地下水作水源</td><td>直供</td><td>①</td><td>与原水相同</td><td>0</td><td></td><td rowspan="4">与原水相同</td></tr>
<tr><td>过滤</td><td><2</td><td>与原水相同</td><td>0</td><td></td></tr>
<tr><td>曝气—天然锰砂过滤</td><td><2</td><td>与原水相同</td><td>0</td><td><0.3</td></tr>
<tr><td>曝气—石英砂过滤</td><td><2</td><td>与原水相同</td><td>0</td><td><0.3</td></tr>
<tr><td>混凝过滤</td><td><5</td><td>去除约 40%</td><td>0</td><td></td><td>去除约 60%</td></tr>
<tr><td rowspan="5">以河水等地表水作水源</td><td>混凝—沉淀软化（加酸）—过滤</td><td><5</td><td>去除 40%～60%</td><td rowspan="5">与加氯装置投运情况有关，投运时一般为 0.1～0.3</td><td></td><td>去除约 90%</td></tr>
<tr><td>混凝过滤</td><td><5</td><td>去除约 40%</td><td></td><td>去除约 60%</td></tr>
<tr><td>混凝—澄清—过滤</td><td><5（或<2）</td><td>去除约 40%，个别达 60%</td><td></td><td>去除约 90%</td></tr>
<tr><td>预沉淀—混凝—澄清—过滤</td><td><5（或<2）</td><td>去除约 40%，个别达 60%</td><td></td><td>去除约 90%</td></tr>
<tr><td>混凝—澄清（沉淀软化加酸）—过滤</td><td><5（或<2）</td><td>去除 40%～60%</td><td></td><td>去除约 90%</td></tr>
</table>

①正常时可小于 2mg/L，但不稳定，有增大的可能性。

② 以井水、泉水等地下水作水源时，水中有时含砂较多，特别是深井井管损坏时，会使水中夹带大量黄砂，这时应有相应的预防措施（过滤）。当地下水中含碳酸盐型铁较多时，要进行曝气除铁：当重碳酸盐型铁小于 20mg/L、pH≥5.5 时，可用曝气—天然锰砂过滤除铁；当重碳酸盐型铁小于 4mg/L，可用曝气—石英砂过滤除铁，并使曝气后 pH>7，若达不到 7，可改用天然锰砂除铁或将水碱化至 pH>7。地下水中胶体硅含量较

高时，如大于0.5～0.6mg/L，可增加混凝过滤措施。

③ 以地表水作水源时，水中悬浮物小于50mg/L时可用混凝过滤，大于50mg/L时则要用混凝—澄清（沉淀）—过滤。如果水在某些时候含砂量或悬浮物含量较高，影响混凝澄清处理时，则要设置预沉淀设施（如沉砂池、调蓄水池等）。

④ 混凝—澄清（沉淀）—过滤系统，如原水中重碳酸盐硬度较大，可考虑进行沉淀软化（如石灰处理），也可加入镁剂，去除部分硅酸化合物。天然水中胶体硅的去除，当水中胶体硅含量较多（如0.5～0.6mg/L以上），经技术校核不符合要求时，则要考虑去除措施，一般的混凝过滤可去除60%，混凝澄清过滤可去除90%。采用镁剂除硅，出水中可溶性 SiO_2 可降至1mg/L。

⑤ 表2-2中各系统，特别是地表水系统，根据需要可设置连续性、间断性或季节性加氯装置。投氯时控制出水余氯含量小于0.1mg/L。若余氯超过标准，则可再增加去除余氯的措施（加亚硫酸钠或设置活性炭床）。

⑥ 混凝—澄清—过滤系统对水中有机物的去除情况与原水中有机物组成关系很大，以 COD_{Mn} 表示的去除率，一般为40%左右，个别的可高达60%，但也有的仅20%左右。进行非常规石灰处理对去除水中有机物有利。

若预处理系统按上述比例计算出的出水中 COD_{Mn} 含量不符合后续系统要求，则要考虑相应的措施，如增设活性炭床、吸附树脂床，选用抗有机物污染的大孔型树脂和弱碱型树脂等。活性炭床除能去除部分有机物外，还可兼作去除水中游离氯。用作去除有机物的活性炭床，宜放在阳离子交换树脂床之后（位置在除 CO_2 器与阴离子交换树脂床之间），可以延长其使用寿命。如果活性炭床是以去除游离氯为主要目的，则仍放在阳离子交换树脂床之前。

⑦ 混凝—澄清—过滤系统出水浊度与运行控制水平关系很大，出水浊度一般可小于5mg/L，但控制很好时也可小于2mg/L。这对顺流式固定床可以满足需要。对逆流式固定床，目前也有很多设备使用这种预处理系统，但往往因为出水浊度波动，带来一些运行中的问题。对浮动床，这种系统问题较大，没有采用进一步的去除浊度措施，使浮动床不易运行。可供考虑的进一步去除浊度的办法有：增加管式精密过滤器、活性炭床等。

⑧ 有澄清池的预处理系统，还可以在其前面设置加热器（附空气分离装置），自动控制水温变化，不超过±1℃，升温速度不超过2℃/h。

⑨ 预处理系统中常用的澄清设备有机械搅拌加速澄清池、水力加速澄清池，沉淀设备中的平流式沉淀池也有使用。过滤常用的设备有无阀滤池、虹吸滤池、重力式空气擦洗滤池、普通快滤池等，压力式机械过滤器和管式精密过滤器也有使用，最近又出现高效纤维过滤器和变孔隙过滤器。

2.5 水质校核实例

2.5.1 原水资料

以某地海水为例，其水质指标如表2-3所示。

表 2-3　原水水质全分析报告

项目	单位	结果	项目	单位	结果
K^+	mg/L	293	氯根	mg/L	14006
Na^+	mg/L	7965	硫酸根	mg/L	1992
Ca^{2+}	mg/L	321	硝酸根	mg/L	2.40
Mg^{2+}	mg/L	952	亚硝酸盐	mg/L	0.015
Fe^{2+}	mg/L	<0.03	碳酸氢根	mg/L	103
Fe^{3+}	mg/L	0.021	碳酸根	mg/L	0
Al^{3+}	mg/L	0.010	氢氧根	mg/L	0
Ba^{2+}	mg/L	0.015	全硬度	mmol/L	47.4
Sr^{2+}	mg/L	4.30	碳酸盐硬度	mmol/L	0.80
硫化物（以S计）	mg/L	0.015	非碳酸盐硬度	mmol/L	46.6
浊度	NTU	9.5	负硬度	mmol/L	0
色度	度	10	甲基橙碱度（以 $CaCO_3$ 计）	mg/L	84.5
悬浮物	mg/L	40.1	酚酞碱度（以 $CaCO_3$ 计）	mg/L	0
油	mg/L	0.007	盐度	10^{-9}	26.4
异味	—	无	酸度	mmol/L	0.137
异氧菌总数	cfu/mL	1.2×10^3	pH 值	—	7.64
游离 CO_2	mg/L	6.2	H_2S	mg/L	<0.1
溶解氧	mg/L	8.18	全硅量	mg/L	1.42
溶硅量	mg/L	0.79	胶硅量	mg/L	0.63
全固形物	g/L	25.1	溶解固形物	g/L	25
灼烧减量	g/L	0.068	铁铝氧化物（R_2O_3）	mg/L	0.049
COD_{Mn}	mg/L	2.92	BOD_5	mg/L	2.83
总氮（以N计）	mg/L	2.86	总磷	mg/L	0.047

2.5.2 水质校核

（1）阴阳离子含量的审查

阳离子单位电荷总和为：

$$\sum K=\frac{\rho_{K^+}}{39.10}+\frac{\rho_{Na^+}}{22.99}+\frac{\rho_{Ca^{2+}}}{40.08}\times2+\frac{\rho_{Mg^{2+}}}{24.31}\times2+\frac{\rho_{Fe^{3+}}}{55.85}\times3+\frac{\rho_{Al^{3+}}}{26.98}\times3+\frac{\rho_{Ba^{2+}}}{137.3}\times2+\frac{\rho_{Sr^{2+}}}{87.62}\times2$$

$$=\frac{293}{39.10}+\frac{7965}{22.99}+\frac{321}{40.08}\times 2+\frac{952}{24.31}\times 2+\frac{0.021}{55.85}\times 3+\frac{0.010}{26.98}\times 3+\frac{0.015}{137.3}\times 2+\frac{4.30}{87.62}\times 2$$

$$=448.389\text{mmol/L}$$

阴离子单位电荷总和为：

$$\sum A=\frac{\rho_{NO_3^-}}{62}+\frac{\rho_{HCO_3^-}}{61.02}+\frac{\rho_{CO_3^{2-}}}{60.0}\times 2+\frac{\rho_{OH^-}}{17}+\frac{\rho_{Cl^-}}{35.45}+\frac{\rho_{SO_4^{2-}}}{96}\times 2$$

$$=\frac{2.40}{62}+\frac{103}{61.02}+\frac{0}{60.0}\times 2+\frac{0}{17}+\frac{14006}{35.45}+\frac{1992}{96}\times 2$$

$$=438.318\text{mmol/L}$$

测定误差 $\delta=\left|\frac{\sum K-\sum A}{\sum K+\sum A}\right|\times 100\%=\left|\frac{448.389-438.318}{448.389+438.318}\right|\times 100\%=1.14\%<2\%$，校验合格。

(2) 含盐量与溶解固体的校核

$$\text{含盐量}=\sum A'+\sum K'=(14006+1992+2.40+103)+(293+7965+321+952+0.015+4.30)$$

$$=25638.715\text{mg/L}$$

$$RG'=RG-m(SiO_2)_q-m(R_2O_3)-\sum m(\text{有机物})+0.51m(HCO_3^-)$$

$$=25000-1.42-0.049+0.51\times 103=25051.061\text{mg/L}$$

式中有机物一项因数值小忽略不计。

测定误差 $\partial=\left|\frac{RG'-\text{含盐量}}{\text{含盐量}}\right|\times 100\%=\left|\frac{25051.061-25638.715}{25638.715}\right|\times 100\%=2.29\%<5\%$，校验合格。

(3) pH的校核

$pH=7.64$，$c_{HCO_3^-}=\frac{103}{61.02}=1.6880\text{mmol/L}$，$[CO_2]=\frac{6.2}{44}=0.1409\text{mmol/L}$，则 $pH'=6.37+\lg c_{HCO_3^-}-\lg[CO_2]=6.37+0.23-(-0.85)=7.45$。

测定误差 $\delta=|pH-pH'|=|7.64-7.45|=0.19<0.2$，校核合格。

(4) 硬度与碱度关系的校核

$$\text{硬度 } H=H_{Ca}+H_{Mg}=H_T+H_F=0.80+46.6=47.4\text{mmol/L}$$

$$\text{碱度 } A=\frac{84.5}{100}=0.845\text{mmol/L}$$

$H>A$，存在非碳酸盐硬度，无过剩碱度 A_G。

第 3 章 水质净化系统出力的计算

3.1 正常出力的计算

在锅炉水处理设计中，除要求能满足正常的补给水量外，还要求在非正常情况下（指机组启动或事故状态下对水量增加的需要），也能提高足够的合格补水量，一般按如下几方面进行补给水量核算。

① 厂内正常的水汽损失 D_1：这部分损失不包括排污、生产与非生产用汽，其值规定如下。

a. 200MW 以上机组，为锅炉最大连续蒸发量的 1.5%。

b. 100～200MW 机组，为锅炉最大连续蒸发量的 2%。

c. 100MW 以上机组，为锅炉最大连续蒸发量的 3%。

② 考虑机组启动或事故而需增加的水处理设备出力 D_2：对于 100MW 及以上机组，为全厂最大一台锅炉连续蒸发量的 6%；对于 100MW 以下机组，为全厂最大一台锅炉连续蒸发量的 10%。

③ 对外供汽损失 D_3：对外供热机组，无返回水时，对外供汽损失等于对外供汽量；有返回水时，为对外供汽量与可回收使用的返回水量的差值。

④ 其他用汽损失 D_4：这部分损失包括生产和非生产用汽，如锅炉点火及燃油系统用汽、吹灰系统用汽、化学及暖通用汽、生活用汽等，其数值根据具体资料确定。

⑤ 闭式热网损失 D_5：经过论证，如果这部分水需要由化学补给水系统供给的话，那么其正常补给水量按热网水量的 1%～2%考虑，或根据需要取值。

⑥ 化学处理水的其他供应量 D_6：这部分包括厂内外各种供应量，按需要取值。

⑦ 锅炉排污损失 D_P：排污损失取值有两种方法，一种方法是无论正常与非正常情况，排污率 P 均按表 3-1 中规定的最大值取值，此时排污量为蒸发量与排污量的乘积。

另一种方法是将正常和非正常情况下的排污率分别进行计算取值。正常情况下排污率 P，用于计算正常运行时水处理设备出力。

$$P=\frac{(\alpha_1+\alpha_3+\alpha_4)S_W}{S_P-(1-\beta)S_W}\times 100\%$$

式中　α_1——厂内水汽循环中水汽损失率，$\alpha_1\%=D_1/D\times 100\%$；

α_3——对外供汽损失率，$\alpha_3\%=D_3/D\times 100\%$；

α_4——其他用汽损失率，$\alpha_4\%=D_4/D\times 100\%$；

S_W——所选定的补给水处理系统供出的补给水水质（含盐量或含硅量）；

S_P——排污水的水质（含盐或含硅量）；

β——连续排污扩容器蒸汽分离的百分数，对中压锅炉连续排污扩容器绝对压力为 0.12MPa 时；$\beta\approx 0.25$，对高压锅炉采用二级扩容（0.6MPa 及 0.12MPa）时，$\beta\approx 0.35$。

非正常情况下排污率计算，要考虑由补给水量增加而引起的排污率增加，其值可用于水处理设备最大出力计算：

$$P'=\frac{(\alpha_1+\alpha_2+\alpha_3+\alpha_4)S_W}{S_P-(1-\beta)S_W}\times 100\%$$

式中，α_2 为事故状态下增加的补给水量占锅炉（或全厂）蒸发量的百分数，$\alpha_2\%=D_2/D\times 100\%$，或者 $\alpha_2=D_2/(\Sigma D)\times 100\%$。

计算的排污率不得小于 0.3%，若小于 0.3%则按 0.3%计算。综上各点，化学补给水处理设备的正常供水量 Q_n（m^3/h），为

$$Q_n=D_1+D_3+D_4+D_5+D_6+D_P$$

化学补给水处理设备的最大供水量 Q_{max}（m^3/h），为

$$Q_{max}=D_1+D_2+D_3+D_4+D_5+D_6+D_P$$

向给水系统正常补充的补给水量 Q_W（m^3/h）为

$$Q_W=D_1+D_3+D_4+D_P$$

正常情况下锅炉给水系统补水率 α_W 为

$$\alpha_W=\frac{Q_W}{D+D_P}\times 100\%$$

表 3-1　锅炉排污率允许值

适用范围	允许值
以化学除盐水为补给水的凝汽式电厂	≤1%
以化学除盐水和蒸馏水为补给水的热电厂	≤2%
以化学软化水为补给水的热电厂	≤5%
正常情况下锅炉排污率最小值	≥0.3%

3.2 出力计算的实战案例

根据相关数据，可以得知在 1400MW 压水堆核电厂中，蒸汽发生器的最大连续蒸发量是衡量压水堆核电厂蒸汽发生器容量和技术性能的关键因素之一，为 $7980m^3/h$。

3.2.1 正常水汽损失量

$$D_1 = D \times \alpha_1 = 7980 \times 0.8\% = 63.84m^3/h$$

式中，水汽损失率 $\alpha_1 = 0.8\%$。

3.2.2 机组启动或事故增加的损失量

$$D_2 = \alpha_2 D = 2\% \times 7980 = 159.6m^3/h$$

式中，D 取 $7980m^3/h$，α_2 取 2%。

3.2.3 正常补给水量

$$Q'_n = D_1 + D_3 + D_4 + D_5 + D_6 + D_7 + D_P$$
$$= 63.84 + 0 + 0 + 0 + 0 + 0 + 0 = 63.84m^3/h$$

式中，$D_1 = 63.84m^3/h$；$D_3 = D_4 = D_5 = D_6 = D_7 = D_P = 0$。

3.2.4 最大补给水量

$$Q'_{max} = D_1 + D_2 + D_3 + D_4 + D_5 + D_6 + D_7 + D'_P$$
$$= 63.84 + 159.6 + 0 + 0 + 0 + 0 + 0 = 223.44m^3/h$$

式中，$D_3 = D_4 = D_5 = D_6 = D_7 = D'_P = 0$

3.2.5 水处理系统出力

正常出力：

$$Q_n = \alpha Q'_n = 1.05 \times 63.84 = 67.03m^3/h$$

最大出力：

$$Q_{max} = \alpha Q'_n = 1.05 \times 223.44 = 234.61m^3/h$$

自用水系数一般取 1.02～1.05，所以本次取 1.05。自用水包括反渗透设备、电除盐设备等自用水，由于其自用水量较小，所以全部按自用水集中供应处理。

第4章

预处理工艺的设计

4.1 预处理系统选择

4.1.1 选择原则

① 地表水、海水预处理宜采用沉淀（混凝）、澄清、过滤。悬浮物含量较小时，可采用接触混凝、过滤或膜处理。

② 当地表水、海水悬浮性固体和泥砂含量超过所选用澄清器（池）的进水要求时，应在供水系统中设置降低泥砂含量的预沉淀设施或备用水源。

③ 对于再生水及矿井排水等回收水源，应根据水质特点选择采用生化处理、杀菌、过滤、石灰凝聚澄清、超（微）滤处理等工艺。对于水处理容量较大、碳酸盐硬度高的再生水，宜采用石灰凝聚澄清处理，石灰药剂宜采用消石灰粉。

④ 当水源非活性硅含量较高时，应考虑硅对蒸汽品质的影响，可采用接触混凝、沉淀（混凝）、澄清、过滤及超（微）滤等方法去除。非活性硅去除率应通过试验或参考类似发电厂的经验确定。

⑤ 原水有机物含量较高时，可采用氯化、混凝、澄清、过滤处理。上述处理仍不能满足下一级设备进水水质要求时，可同时采用活性炭、吸附树脂、生化处理或其他方法去除有机物。预处理后水中游离性余氯含量超过后处理系统进水标准时，宜采用活性炭吸附或加亚硫酸钠等处理方法除氯。

⑥ 当采用常规预处理系统不易保证反渗透进水水质或处理系统过于复杂、庞大时，经技术经济比较可以选择超（微）滤处理作为反渗透的预处理系统。

⑦ 水源中碳酸盐硬度或硅酸盐含量较高，以及原水受到污染需综合治理以改善水质时，经技术经济比较，可采用石灰、弱酸离子交换或其他药剂联合处理。

⑧ 地下水含砂时，应考虑除砂措施；地下水铁、锰含量较高，作为锅炉补给水水源

应考虑除铁、除锰措施，如采用接触氧化法或曝气氧化法。

4.1.2 设备选择原则

（1）澄清器（池）

澄清器（池）的类型应根据原水水质、处理水量、处理系统和水质要求等，结合当地条件选用，一般不宜少于2台。当有1台澄清器（池）检修时，其余的应保证正常供水。用于短期、季节性处理时，可只设1台。循环水、补充水处理澄清池一般不设备用，当1台澄清器（池）检修时，可用备用水源供水。

澄清器（池）的上升流速应根据澄清器（池）的类型、原水水质、水温、处理药剂和剂量，以及类似厂的运行经验或通过试验确定。澄清器（池）的设计可参考附录四中的附表9。

（2）过滤器（池）

过滤器（池）的类型应根据进水水质、处理水量、处理系统和水质要求等，结合当地条件确定，一般不应少于2台（格），当有1台（格）检修时，其余过滤器（池）应保证正常供水。过滤器（池）应设置反洗水泵、反洗水箱或连接可供反洗的水源。反洗方式应根据过滤池类型决定，并根据需要选用空气擦洗。后续系统对过滤器（池）出水压力稳定性有要求时，应有相应措施或设置正洗水泵。

过滤器（池）的滤速见表4-1。

表 4-1　过滤器（池）滤速

<table>
<tr><th colspan="2" rowspan="2">过滤器（池）类型</th><th colspan="2">滤速/(m/h)</th><th rowspan="2">过滤器（池）类型</th><th colspan="2">滤速/(m/h)</th></tr>
<tr><th>混凝澄清</th><th>接触混凝</th><th>混凝澄清</th><th>接触混凝</th></tr>
<tr><td colspan="2">细砂过滤</td><td>6～8</td><td>—</td><td>三层滤料</td><td>18～20</td><td>6～10</td></tr>
<tr><td rowspan="2">单层滤料</td><td>单流</td><td>8～10</td><td rowspan="2">6～10</td><td>变孔隙过滤</td><td>18～21</td><td>—</td></tr>
<tr><td>双流</td><td>15～18</td><td>纤维过滤</td><td>20～40</td><td>—</td></tr>
<tr><td colspan="2">双层滤料</td><td>10～14</td><td>6～10</td><td></td><td></td><td></td></tr>
</table>

（3）超（微）滤装置

超（微）滤装置应根据进水水质特点、处理水量和水质要求设计，选择膜组件形式、膜材质和装置的运行方式，一般设计套数不应少于2套。超（微）滤装置的运行方式（错流、死端过滤等）、反洗周期、反洗方式（水洗、水气合洗、加强反洗等）、反洗强度和膜通量的选择应根据膜的性能、进水水质特性及类似的工程经验确定，必要时需要通过小型工业试验确定。超（微）滤装置的反洗应设置为自动系统，超滤反洗水宜考虑回用。

超（微）滤装置的进水水质要求见表4-2。

表 4-2　超（微）滤系统的进水水质要求

<table>
<tr><th>项目</th><th>单位</th><th colspan="2">进水水质</th></tr>
<tr><td>水温</td><td>℃</td><td colspan="2">1～40</td></tr>
<tr><td>pH 值</td><td></td><td colspan="2">2～11</td></tr>
<tr><td rowspan="2">浊度</td><td rowspan="2">NTU</td><td>内压</td><td>＜50</td></tr>
<tr><td>外压</td><td>＜200</td></tr>
</table>

注：浸没式超（微）滤装置一般对进水浊度无要求，仅要求水中无大颗粒杂质。

4.1.3　预脱盐系统的选择原则

① 水的预脱盐包括反渗透法、蒸馏法（多级闪蒸、低温多效蒸馏、压汽蒸馏等）等工艺。

② 对于含盐量较高的水源或机组对给水品质有特殊要求时，一般采用反渗透工艺进行预脱盐。

③ 海水淡化可以采用反渗透法或蒸馏法等技术，经技术经济比较确定。

④ 反渗透装置的进水水质要求应根据所选用的膜种类、原水特性、膜设计导则及类似工程经验确定。

⑤ 多级闪蒸蒸发器对进水浊度一般无要求；低温多效蒸发器根据厂商资料，进水浊度一般为 20～300NTU；若淡化水用作饮用水时，进水余氯应控制小于 0.1mg/L。

⑥ 单级反渗透装置的水回收率应根据进水水质、节水要求等条件选定，一般天然水取 75%～85%、海水取 30%～45%。

⑦ 蒸馏法海水淡化的水利用率为 25%～40%。

4.1.4　预脱盐设备的选择原则

（1）海水蒸馏淡化装置

海水蒸馏淡化装置的类型、级数（多级闪蒸装置）、效数（低温多效装置）及造水比，应根据可供加热蒸汽的参数和数量等因素，经综合技术经济比较确定，该系统一般不设备用，其台数不宜少于 2 台。蒸馏淡化装置进口应设置自动清洗过滤器，过滤器的精度可根据装置要求和进口水的水质确定，其产品水中含盐量一般为 3～10mg/L。

蒸馏淡化装置的材质应耐海水的腐蚀，并考虑操作温度、海水的 pH 值、O_2 和 CO_2 含量，以及海水被污染（S^{2-}、NH_4^+ 等）的情况。根据耐蚀要求，其热交换管可选择不锈钢、铜合金、铝合金或钛材；容器可选择不锈钢或碳钢涂防腐层，且应设置防海生物生长、防结垢和消泡等加药装置。

多级闪蒸蒸发器盐水最高温度宜小于 110℃，系统设置蒸发器本体、海水过滤器、盐水加热器、除气系统、抽真空系统、酸洗系统和各类水泵等。

低温多效海水淡化装置最高操作温度一般小于 70℃。系统设置海水过滤器、蒸发容器、蒸汽压缩喷射器、启动喷射器、海水预热器、冷凝水和产品水冷却器及各类水泵等。冷凝水和产品水的出口温度应根据用水要求确定。

(2) 反渗透装置

反渗透预脱盐系统应根据原水特性、预处理方式等合理选择系统配置，一般由保安过滤器、高压泵、反渗透组件、监测仪表、清洗系统、加药系统等组成。反渗透系统的出力应与后续系统用水量相适应，当作为锅炉补给水系统的预脱盐系统时，宜按系统正常出力的130%～150%设计。反渗透装置设计一般不宜少于2套。

反渗透系统保安过滤器的精度不应低于5μm，保安过滤器的滤芯应便于快速更换，不宜采用带反洗功能的保安过滤器。反渗透膜元件宜选用螺旋卷型的复合膜；当水源污染严重时，可选用抗污染的复合膜。当反渗透进水为受海水倒灌影响的地表水时，应根据反渗透二段的进水含盐量核算结果选择合适的膜元件。膜元件的型号和数量应根据进水水质、水温、产水量、回收率等通过优化计算确定。

当采用二级反渗透系统时，第二级反渗透的浓水宜循环到第一级反渗透重复使用，第二级反渗透的单根膜回收率及通量可采用较高值。反渗透的进水水质要求如表4-3所示。

表4-3 反渗透的进水水质要求①

项目	单位	中空纤维膜	醋酸纤维膜	复合膜
水温	℃	5～35	5～40	5～45
pH值	—	—	4～6（运行） 3～7（清洗）	4～11（运行） 2.5～11（清洗）
浊度	NTU	<1.0		<1.0
污染指数	SDI	<3	<5	<5
游离性余氯（Cl_2）	mg/L	<0.1，控制为0.0	<1.0，控制为0.3	<0.1，控制为0.0
铁（Fe）	mg/L	<0.05（给水溶解氧>5mg/L时）②		

①当反渗透系统设有保安过滤器时，反渗透系统的进水水质是指保安过滤器的入口水质。

②铁的氧化速度取决于铁的含量、水中溶解氧浓度和水的pH值。在投加某些阻垢剂时可以允许有较高值，需要核实阻垢剂性能。

4.2 沉淀澄清工艺的计算

过滤与混凝澄清设备的设计有两种方法，一是根据出力对设备规格、结构尺寸进行详细计算；二是按现有的定型设计选用定型设备。一般按第二种方式进行，但许多电厂的生活用水都来自预处理，因此，要充分考虑全厂的用水状况来选择定型设备。以机械搅拌加速澄清池为例进行设计计算。

已知条件：容量为800m^3/h（0.222m^3/s），净产水能力$Q=1.05\times800=840m^3/h=0.233m^3/s$（其中5%为滤池冲洗水量），并要求保留有加装斜板条件。

进水悬浮物含量一般≤1000mg/L，出水悬浮物含量≤10mg/L。

本池计算按不加斜板进行，但为保留以后加设斜板（管）的条件，在计算过程中对进出水、集水等流路系统按 $2Q$ 校核，其他有关工艺数据采用低限。计算过程如下。

（1）第二反应室计算

$$Q'=5Q=5\times0.233=1.165\text{m}^3/\text{s}$$

设第二反应室内导流板截面积 A_1 为 0.035m^2，u_1 为 0.04m/s，

$$\omega_1=\frac{Q'}{u_1}=\frac{1.165}{0.04}=29.13\text{m}^2$$

$$D_1=\sqrt{\frac{4}{\pi}(\omega_1+A_1)}=\sqrt{\frac{4}{\pi}\times(29.13+0.035)}=6.10\text{m}$$

取第二反应室直径 $D_1=6.0\text{m}$，反应室壁厚 $\delta_1=0.25\text{m}$，

$$D_1'=D_1+2\delta_1=6.0+2\times0.25=6.5\text{m}$$

$$H_1=\frac{Q't_1}{\frac{\pi}{4}D_1^2}=\frac{1.165\times60}{\frac{\pi}{4}\times6.0^2}=2.47\text{m}(\text{取 }t_1=60\text{s})$$

考虑构造布置，选用 $H_1=2.56\text{m}$。

（2）导流室计算

导流室中导流板截面积 $A_2=A_1=0.035\text{m}^2$，导流室面积 $\omega_2=\omega_1=29.13\text{m}^2$，

$$D_2=\sqrt{\frac{4}{\pi}\left(\frac{\pi D_1'^2}{4}+\omega_2+A_2\right)}=\sqrt{\frac{4}{\pi}\times\left(\frac{\pi\times6.5^2}{4}+29.13+0.035\right)}=8.91\text{m}$$

取导流室直径 D_2 为 8.91m，导流室壁厚 $\delta_2=0.1\text{m}$，

$$D_2'=D_2+2\delta_2=8.91+2\times0.1=9.11\text{m}$$

$$H_2=\frac{D_2-D_1'}{2}=\frac{8.91-6.5}{2}=1.21\text{m}$$

设计中取用 $H_2=1.21\text{m}$，导流室出口流速 $u_6=0.04\text{m/s}$，出口面积为

$$A_3=\frac{Q'}{u_6}=\frac{1.165}{0.04}=29.13\text{m}^2$$

则出口截面宽为

$$H_3=\frac{2A_3}{\pi(D_2+D_1')}=\frac{2\times29.13}{\pi\times(8.91+6.5)}=1.20\text{m}$$

取 $H_3=1.20\text{m}$，出口垂直高度为

$$H_3'=\sqrt{2}H_3=1.414\times1.20=1.70\text{m}$$

（3）分离室计算

取 u_2 为 0.001m/s，分离室面积为

$$\omega_3=\frac{Q}{u_2}=\frac{0.233}{0.001}=233\text{m}^2$$

池总面积为

$$\omega=\omega_3+\frac{\pi D_2'^2}{4}=233+\frac{\pi\times9.11^2}{4}=298.14\text{m}^2$$

池直径为

$$D=\sqrt{\frac{4\omega}{\pi}}=\sqrt{\frac{4\times 298.14}{\pi}}=19.48\text{m}$$

取池直径为 19.5m，半径 $R=9.75\text{m}$。

(4) 池深计算

根据附录三，取池中停留时间 T 为 1.5h，有效容积为

$$V'=3600QT=1258.2\text{m}^3$$

考虑增加 4%的结构容积，则池计算总容积为

$$V=V'\times(1+0.04)=1258.2\times 1.04=1308.53\text{m}^3$$

取池超高 $H_0=0.3\text{m}$，设池直壁高 $H_4=1.8\text{m}$，池直壁部分容积为

$$W_1=\frac{\pi D^2}{4}H_4=\frac{\pi\times 19.5^2}{4}\times 1.8=537.57\text{m}^3$$

$$W_2+W_3=V-W_1=1308.53-537.57=770.96\text{m}^3$$

取池圆台高度 $H_5=3.7\text{m}$，池圆台斜边倾角为 45°，则底部直径为

$$D_T=D-2H_5=19.5-2\times 3.7=12.1\text{m}$$

本池池底采用球壳式结构，取球冠高 $H_6=1.05\text{m}$，圆台容积为

$$\begin{aligned}W_2&=\frac{\pi H_5}{3}\left[\left(\frac{D}{2}\right)^2+\frac{D}{2}\times\frac{D_T}{2}+\left(\frac{D_T}{2}\right)^2\right]\\&=\frac{3.7\times\pi}{3}\times(9.75^2+9.75\times 6.05+6.05^2)\\&=738.71\text{m}^3\end{aligned}$$

球冠半径为

$$R=\frac{D_T^2+4H_6^2}{8H_6}=\frac{12.1^2+4\times 1.05^2}{8\times 1.05}=17.95\text{m}$$

球冠体积为

$$W_3=\pi H_6^2\left(R-\frac{H_6}{3}\right)=\pi\times 1.05^2\times\left(17.95-\frac{1.05}{3}\right)=60.96\text{m}^3$$

池实际有效容积为

$$V=W_1+W_2+W_3=537.57+738.71+60.96=1337.24\text{m}^3$$

$$V'=\frac{V}{1.04}=\frac{1337.24}{1.04}=1285.81\text{m}^3$$

实际总停留时间为

$$T=\frac{1285.81\times 1.5}{1258.2}=1.53\text{h}$$

池总高为

$$H=H_0+H_4+H_5+H_6=0.3+1.8+3.7+1.05=6.85\text{m}$$

(5) 配水三角槽计算

进水流量增加 10%的排泥水量，设槽内流速 $u_3=0.5\text{m/s}$，B_1 为三角槽直角边长，其

计算过程如下：

$$B_1=\sqrt{\frac{1.10\times Q}{u_3}}=\sqrt{\frac{1.10\times 0.233}{0.5}}=0.72\text{m}$$

三角配水槽采用孔口出流，孔口流速同 u_3，出水孔总面积为

$$出水孔总面积=\frac{1.10Q}{u_3}=\frac{1.10\times 0.233}{0.5}=0.5126\text{m}^2$$

采用孔径 $d=0.1$m 的出水孔，则出水孔数 $=\frac{4\times 0.5126}{\pi\times 0.1^2}=65.27$ 个。

为施工方便，采取沿三角槽每5°设置一孔，共72孔。孔口实际流速为

$$u_3=\frac{1.1\times 0.233\times 4}{0.1^2\times 72\times \pi}=0.45\text{m/s}$$

(6) 第一反应室

设第二反应室底板厚 $\delta_3=0.15$m，第一反应室上端直径为

$$D_3=D_1'+2B_1+2\delta_3=6.5+2\times 0.72+2\times 0.15=8.24\text{m}$$

第一反应室高度为

$$H_7=H_4+H_5-H_1-\delta_3=1.8+3.7-2.56-0.15=2.79\text{m}$$

伞形板延长线与池壁交点处直径为

$$D_4=\frac{D_T+D_3}{2}+H_7=\frac{12.1+8.24}{2}+2.79=12.96\text{m}$$

取 $u_4=0.15$m/s，泥渣回流量 $Q''=4Q$，回流缝宽度为

$$B_2=\frac{4Q}{\pi D_4 u_4}=\frac{4\times 0.233}{\pi\times 12.96\times 0.15}=0.153\text{m}$$

取 B_2 为0.18m，设裙板厚 $\delta_4=0.06$m，

$$D_5=D_4-2(\sqrt{2}B_2+\delta_4)=12.96-2(\sqrt{2}\times 0.18+0.06)=12.33\text{m}$$

按等腰三角形计算：

$$H_8=D_4-D_5=12.96-12.33=0.63\text{m}$$

$$H_{10}=\frac{D_5-D_T}{2}=\frac{12.33-12.1}{2}=0.12\text{m}$$

$$H_9=H_7-H_8-H_{10}=2.79-0.63-0.12=2.04\text{m}$$

(7) 容积计算

$$V_1=\frac{\pi H_9}{12}(D_3^2+D_3D_5+D_5^2)+\frac{\pi D_5^2H_8}{4}+\frac{\pi H_{10}}{12}(D_5^2+D_5D_T+D_T^2)+W_3$$

$$=\frac{\pi\times 2.04}{12}\times(8.24^2+8.24\times 12.33+12.33^2)+\frac{\pi\times 12.33^2}{4}\times 0.63$$

$$+\frac{\pi\times 0.12}{12}\times(12.33^2+12.33\times 12.1+12.1^2)+60.96=320.28\text{m}^3$$

$$V_2=\frac{\pi}{4}D_1^2H_1+\frac{\pi}{4}(D_2^2-D_1'^2)(H_1-B_1)$$

$$=\frac{\pi}{4}\times6^2\times2.56+\frac{\pi}{4}\times(8.9^2-6.5^2)\times(2.56-0.70)=126.37m^3$$

$$V_3=V_1-(V_1+V_2)=1285.81-(325.09+124.63)=839.16m^3$$

则实际各室容积比：

第二反应室：第一反应室：分离室＝126.37：320.28：839.16＝1：2.53：6.64

池各室停留时间：

$$第二反应室=\frac{126.37\times60}{840}=9.0min$$

$$第一反应室=9.0\times2.53=23.77min$$

$$分离室=9.0\times6.64=59.76min$$

其中第一反应室和第二反应室的停留时间之和为 32.77min。

(8) 进水系统计算

进水管选用 $d=600mm$，$v_6=0.90m/s$；出水管选用 $d=600mm$。

(9) 集水系统计算

本池池径较大，采用辐射式集水槽和环形集水槽集水。

根据要求本池考虑加装余板（管）可能，所以对集水系统除按设计水量计算外，还以 $2Q$ 进行校核，确定槽断面尺寸。

每根辐射集水槽（全池共设 12 根）的流量为

$$Q_{辐}=\frac{Q}{12}=\frac{0.233}{12}=0.0194m^3/s$$

设辐射槽宽 $b_1=0.25m$，槽内水流流速为 $v_{5'}=0.4m/s$，得到槽内终点水深 H_2 为：

$$H_2=\frac{Q_{辐}}{v_{5'}b_1}=\frac{0.0194}{0.4\times0.25}=0.194m$$

按 $2Q_{辐}$ 校核，取槽内水流流速 $v'_{5'}=0.6m/s$，得到槽内终点水深 H'_2 为：

$$H'_2=\frac{2Q_{辐}}{v'_{5'}b_1}=\frac{2\times0.0194}{0.6\times0.25}=0.258m$$

(10) 排泥及排水计算

污泥浓缩室：总容积根据经验按池总容积的 1%考虑。

$$V'_4=0.01V'=1285.81\times0.01=12.86m^3$$

分设三斗，每斗容积为

$$V'_{斗}=\frac{V_4}{3}=\frac{12.86}{3}=4.29m^3$$

设污泥斗上底面积为 $5.91m^2$、下底面积为 $0.2025m^2$，得：

单个污泥斗容积为

$$V_{斗}=\frac{1.7}{3}\times(5.91+0.2025+\sqrt{5.91\times0.2025})=4.08m^3$$

三斗容积为

$$V_4=4.08\times3=12.24m^3$$

污泥斗总容积为池容积的 $\frac{12.24}{1285}=0.95\%$。

排泥周期：本池在重力排泥时进水悬浮物含量 S_1 一般≤1000mg/L，出水悬浮物含量 S_4 一般≤10mg/L，污泥含水率 $p=98\%$，浓缩污泥容重 $\gamma=1.02\text{t/m}^3$。

$$T_0=\frac{10^4V_4\times(100-p)\gamma}{(S_1-S_4)Q}=\frac{10000\times12.24\times(100-98)\times1.02}{60\times(S_1-S_4)\times0.233}=\frac{17860.94}{S_1-S_4}\text{min}$$

数值 S_1-S_4 与 T_0 的对应关系见表 4-4。

表 4-4　S_1-S_4 与 T_0 的对应关系

S_1-S_4	90	190	290	390	490	590	690	790	890	990
T_0	198.5	94.0	61.6	45.8	36.5	30.3	25.9	22.6	20.1	18.0

排泥历时：设污泥斗排泥管直径 $d_g=0.1\text{m}$，其断面积 $\omega_{01}=\frac{\pi\times0.1^2}{4}=0.00785\text{m}^2$。

局部阻力系数：进口 $\xi=1\times0.5=0.5$，丁字管 $\xi=1\times0.1=0.1$；出口 $\xi=1\times1=1$，45° 弯头 $\xi=1\times0.4=0.4$。

4.3　过滤工艺的计算（添加高效旋流净水器）

4.3.1　过滤概述

过滤是从流体中分离固体颗粒的过程，基本原理是：液固两相的混合物经过多孔性介质（即过滤介质，一般用滤布等）的表面，在压差的作用下，液体通过介质，而固体颗粒残留于介质上，称为滤饼；液体通过滤饼层和介质层变为澄清的滤液。以滤液为产品的过滤机一般比以获得滤饼为产品的过滤机容易操作。对经过初步脱水的细颗粒物料进行进一步脱水，目前最常用的方法就是过滤。与其他分离方法相比，过滤消耗能量是较低的。

（1）过滤方法

工业上应用过滤的方法，按照过滤动力的不同，可分为四大类型：

① 重力过滤，属于深床过滤（即厚滤层），特点是固体颗粒的沉积发生在较厚的粒状介质床层内部。悬浮液中的颗粒直径小于床层孔道直径，当颗粒随流体在床层内的曲折孔道中穿过时，便黏附在过滤介质上，这种过滤适用于悬浮液中颗粒甚小而且含量甚微的场合。例如自来水厂里用石英砂层作为过滤介质来实现水的净化。

② 真空过滤，利用真空泵造成过滤介质两侧有一定的压差，在此推动力作用下，悬浮液的液体通过滤布，而固体颗粒呈饼层状沉积在滤布的上游一侧。该法一般适用于处理液固比较小而固体颗粒较细的悬浮液。

③ 加压过滤，利用高压空气 785kPa（8kgf/cm^2）或高压水 883～1569kPa（9～16kgf/cm^2）充入装在滤室一侧或两侧的隔膜，借助于隔膜膨胀而均匀压榨滤饼，可以得到含水很低的滤饼。一般适用于处理细颗粒黏而难过滤的物料。近几年又发展了加压-真

空组合式过滤。

④ 离心过滤，利用离心力作用，使悬浮液中的液体被甩出，而颗粒被截留在滤布表面。离心力场可以提供比重力场更强的过滤推动力，分离速度快，效果好。适用于处理含有微小固体颗粒的料浆。

（2）过滤介质

常用过滤介质的种类很多，主要可分为三类：

① 粒状介质，如细砂、石砾、玻璃碴、木炭、骨炭、酸性白土等。此类介质颗粒坚硬，可以堆积成层，颗粒间的细微孔道足以将悬浮固体截留，而只允许液体通过。例如城市和工厂给水设备中的砂滤池就是应用这类介质构成的。

② 织物介质（或称滤布介质）是用天然的或人造的纤维编织而成的滤布，所用材料有棉花、麻、羊毛及各种人造纤维等。此类介质应用最广，其中尤以棉织帆布、尼龙类人造纤维在选矿厂使用最普遍。

③ 多孔陶瓷或塑料介质。实验室中的砂滤器及饮水用的特制滤缸就用此类介质，过滤的目的在于得到含水较低的滤饼或不含固体的滤液。按性质差异，过滤得到的滤饼可分为两类，即不可压缩滤饼与可压缩滤饼。前者由不变形的颗粒组成，矿物晶体就属于此类；后者由无定形的颗粒组成，主要为胶体滤渣，如氢氧化铝及各种水化沉淀物等。不可压缩的滤渣积聚在过滤介质上形成滤饼时，各个颗粒的相互排列位置、粒子间的孔道，均不会因为压力的增加而发生较大的变化。但在过滤可压缩性滤渣时，粒子与粒子间的孔道随压力的增加而显著地变小，因此对滤液的流动产生阻碍作用。

选矿厂的精矿滤饼如不含有特殊回收价值的成分时，一般很少洗涤。但在水冶（如电解铜、锰等）厂里，滤饼要经过洗涤，以便充分回收滤液，并使滤饼更加纯净，既可保证产品质量，又可提高有用成分的回收率。

对于可压缩的滤饼，当过滤压强增大时，颗粒间的孔道变窄，有时也因颗粒过于细密而堵塞通道。遇此情况可将一些粒度较粗的物料混入悬浮液中，改善料浆性质，形成较疏松的滤饼，提高过滤效率。这些混入的物质可以是同成分的物料，也可以是其他物料或药剂，统称为助滤剂。

4.3.2 过滤理论

对于液固两相构成的流态物质通过有孔隙的介质进行过滤的理论研究始于 19 世纪后期。工业生产中真空过滤的理论研究仅仅在 20 世纪初叶才开始，随着工业生产和技术的发展，精确的计算和选择过滤设备的要求更加迫切。近年来过滤理论的研究有一些发展，但是发展仍很慢。

过滤理论的研究所涉及的问题比较复杂。例如，仅就过滤的阻力而言，不仅与过滤介质（滤布）的编织方法，孔隙形状、大小，滤布的表面精度，膨胀率和破损率等因素有关，而且在很大程度上也取决于滤布表面滤饼层的阻力大小，而这种阻力又取决于料浆的性质、滤液的温度、滤饼的疏松程度及内部结构情况，诸如物料颗粒的尺寸、形状、在滤饼内的相互位置、滤饼的孔隙率、孔径和孔道的弯曲情况等因素。可是，决定滤饼特性的绝大部分因素又与施加于过滤机的压力有关。因而，过滤阻力的测算是很难找到确切的理论公式的。为了便于研究问题，人们在进行过滤理论研究时，不得不借助于有关过滤阻力的变化与其他因素之间关系的某些假定条件。但是，这样就使得过滤公式极其复杂，而且其实用价值也大大降低。因而，过滤理论现在还不能供给人们以更准确地计算过滤设备的全部资料，然而，却可以帮助说明过滤过程中存在的某些普遍情况和影响因素。到目前为止，对于工业应用的真空过滤机的预先计算和合理操作起决定作用的仍是由正确的模拟试验和实际生产所取得的经验数据。

对可压缩滤饼而言，存在关系式：

$$V = kA^2P^{1-S}$$

该式称为过滤基本方程式，表示过滤过程中任一瞬间的过滤速率与各有关因素间的关系，是进行过滤计算的基本依据，该式适用于可压缩滤饼及不可压缩滤饼。应用该式做过滤计算时，还须针对过程进行的具体方式对该式积分。在积分时须将式中的三个独立的变量即表压力 P、滤液体积 V 和过滤时间 t 三者中之一维持不变。实际上过滤操作有恒压、恒速及先恒速后恒压三种方式。选矿厂过滤操作以恒压操作较多，恒速过滤较少见。在过滤开始时，因介质表面尚无滤饼，过滤阻力最小，若骤然加以最大压力，将使微细颗粒冲过介质孔道，致使滤液混浊或堵塞滤孔。

过滤机上进行的过滤都是恒压过滤，现仅就恒压过滤的理论计算予以讨论。

在恒压过滤中，滤饼不断增厚致使过滤阻力不断增加，但是过滤的推动力（压力）是恒定的，因而过滤的速率逐渐变小。因此，上式中除 V 和 t 是变量外，其他均为常数。如果令 P 为常数，可得出 $V=kA^2P^{1-S}$ 的积分形式为：

$$\int (V+V_0)\mathrm{d}V = kA^2P^{1-S}\int \mathrm{d}t$$

经过数学变换可得出滤饼形成时间内的过滤方程式：

$$(V+V_0)^2 = kA^2(t+t_0)$$

该式称为恒压过滤方程式，它表明了恒压过滤时滤液体积与过滤时间的关系为一抛物线方程。当过滤介质阻力可以忽略时，即 $V_0=0$，$t_0=0$，则该式可简化为：

$$V^2 = kA^2t$$

4.3.3　高效旋流净水器（以 HPO-XL 型高效污水净化器为例）

HPO-XL 型高效污水净化器是在原 HPO 型高效污水净化器基础上改进而成，将物理、化学反应有机融合在一起，集成了直流混凝、临界絮凝、离心分离、污泥致密层接触过滤、高效澄清、变孔隙过滤及污泥浓缩沉淀技术，短时间（25～30min）内在同一罐体中完成废水快速多级净化的一体化组合设备。该设备 SS 去除率高达 99.9%，COD 去除率达到 40%～70%。

净化器为钢制罐体，上中部为圆柱体，下部为锥体，自下而上分别为污泥浓缩区、混凝区、离心分离区、污泥致密层接触过滤区、高效澄清区、过滤区、清水区。直流混凝和临界絮凝技术取代了混凝反应池，在泵前及泵后投加絮凝和助凝药剂，利用泵、管道、水流完成药剂的水解、混合、压缩双电层，吸附中和作用后沿切线方向高速进入罐体快速完成吸附架桥，絮凝形成絮凝物。

（1）直流混凝和微絮凝机理

污水在净化过程中，根据水质性质和要求需投加混凝剂和助凝剂，通过混凝剂的水解作用产生 Al^{3+}、Fe^{3+}、H^{+}、OH^{-} 的电性中和，压缩双电层，降低 δ 电位，使胶体脱稳，减少胶体颗粒间的斥力，使颗粒之间发生碰撞而凝聚。投加助凝剂起吸附架桥的作用，通过高分子物质的水解和缩聚反应形成具有线型结构的高聚物。胶体颗粒对这类高分子物质具有强烈的吸附作用，胶体颗粒间进行吸附架桥，使颗粒逐渐变大，形成肉眼可见的絮凝物。混凝反应的时间一般在 10～30s 内完成，絮凝反应的时间一般在 10～30min 内完成。根据这一原理，高效旋流器前不设混凝反应池。

（2）下旋流机理

污水在一定的压力作用下从内圆柱体上部沿切线方向高速进入高效澄清器旋流反应室，做向下螺旋运动，产生离心力。污水中形成的微絮凝物迅速变大，在离心力和自身重力的作用下，迅速被甩向器壁，并随下旋流作用沿桶壁下滑至锥形泥斗区。污水完成一级净化。

（3）上旋流机理

污水完成一级净化在向下做螺旋运动到一定程度后，在压力的作用下又沿着内外筒壁间形成上螺旋运动，污水在离心力和重力的作用下，继续完成固液分离，絮凝物又被甩向外筒壁，下滑至污泥区，从而完成二级净化。

（4）污泥致密层接触过滤原理

污水经下螺旋运动进入高效澄清器下部的致密污泥层后开始做上升运动，致密污泥层作为接触介质形成很好的过滤层，使污水经污泥层得以过滤上升和净化。

（5）高效澄清原理

通过污泥致密层接触过滤后的污水利用水中的动能，自下而上通过浅层沉淀区，细微颗粒在下降的过程中将水中上升的颗粒吸附，从而加强了水中固体颗粒间的接触和吸附作用，形成良好的絮凝物，加速沉淀速度，使水得到澄清。

（6）变孔隙过滤原理

污水经二级净化后，污水中尚有少量絮凝物未能分离，因此设计过滤区，采用变孔隙过滤，使设备最终出水清澈，出水 SS≤10mg/L。变孔隙过滤是一种利用“同向凝聚”原理设计的深床滤池，污水中加入的絮凝剂，利用深床过滤过程中悬浮颗粒在滤层孔隙里发生同向絮凝作用，因而增加了小颗粒悬浮物变为大颗粒并被滤料截留的可能性，从而提高了过滤效率，改善过滤水水质。主要特点是采用粒度明显不同的过滤介质，投入运行使其充分混合，形成不均匀的孔隙，且这些孔隙延伸至整个床层的纵深区域，就像在过滤床层上形成了无数个微型过滤“漏斗”。每组之间较大的孔隙就是“漏斗”的上端口，大粒径之间夹杂的小粒径形成的孔隙较大，便形成“漏斗”的锥底，水中的悬浮物被这些“漏斗”截留。由于大粒径滤料之间形成的孔隙占大多数，带有杂质的水经这些孔隙的引导流向床层的纵深区域，于是过滤不仅仅是发生在床层表面，而是在整个床层中进行。变孔隙过滤提高了悬浮颗粒的絮凝效率，也提高了截污能力，减小了滤层阻力。

（7）污泥压缩沉淀机理

在高效澄清器下端设计锥形污泥斗，锥斗角度为 55°～60°，污泥斗中上部有一混液面，污泥浓度为 1%～3%，在聚合力作用下，颗粒群体结合成一整体，各自保持相对不变的位置呈层状沉降，在污泥斗中下部，污泥浓度相对较高，颗粒间距离小，颗粒相互接触相互支撑，在高效澄清器内水的压力、上层颗粒重力、离心力和结构变形的作用下，颗粒间的孔隙水不断被挤出界面，颗粒浓度不断提高并被浓缩压密完成压缩沉淀，最终污泥从排污口排出，其浓度可达 6%～10%。

山东海普欧环保设备科技有限公司的 HPO-XL 型高效（旋流）污水净化器的主要参数见表 4-5。

表 4-5　HPO-XL 型高效（旋流）污水净化器主要参数

项目		参数
废水来源		矿井水
进水水质	pH	6～9
	SS/(mg/L)	＜500
	油/(mg/L)	＜30
产水水质	pH	6～9
	SS/(mg/L)	＜20
	油/(mg/L)	＜5
运行方式		断续或连续运行

4.4　有机物处理工艺的计算

4.4.1　有机物对炉水 pH 的影响

（1）有机物的来源

锅炉炉水中的有机物有两个来源：一是原水中的有机物未能被水处理设备除掉而随补给水进入给水系统，或者是由于凝汽器泄漏，循环冷却水中的有机物进入凝汽器；二是水处理设备内离子交换树脂碎末或降解产物，以及细菌、微生物等被给水系统夹带进入给水系统。

（2）有机物在锅炉内的理化过程

有机物在锅炉内受高温分解后产生甲酸、乙酸、丙酸等有机物，对热力系统产生不良后果。据研究资料，1L 苯乙烯阳离子树脂，大约可在锅炉内产生 90g 硫酸。产生的硫酸导致的后果有以下几方面。①使锅炉炉水 pH 降低，造成炉管局部酸性腐蚀，破坏炉管管壁上的磁性氧化铁保护膜，进而腐蚀炉管，引起爆管事故。②致使蒸汽中携带微量的挥发酸，引起汽轮机内部腐蚀：有机物在锅炉内热分解产生的甲酸、乙酸等随蒸汽带入汽轮机，引起汽轮机隔板、轴、叶片的腐蚀。③有机物在炉管管壁上生成碳质沉积物：污水处理系统的水进入除盐水系统，离子交换等工艺未能完全除去带入的有机物，这些有机物沉积在炉管管壁上，受热逸出分解产物后，在管壁上形成碳质沉积物，这种沉积物的传热性很差，易导致过热爆管。

4.4.2 炉水磷酸盐处理

炉水磷酸盐处理就是向炉水中添加适量的磷酸三钠，其作用有 4 个方面：消除炉水的硬度；维持炉水的 pH，提高炉水的缓冲能力，即提高杂质对炉管腐蚀的抵抗能力；减缓水冷壁的结垢速率；改善蒸汽品质、改善汽轮机沉积物的化学性质和减缓汽轮机腐蚀。

其防止钙、镁水垢的机理为：

$$10Ca^{2+} + 2OH^- + 6PO_4^{3-} \longrightarrow Ca_{10}(OH)_2(PO_4)_6\downarrow \text{(碱式磷酸钙)}$$

$$3Mg^{2+} + 2OH^- + 2SiO_3^{2-} + H_2O \longrightarrow 3MgO\cdot 2SiO_2\cdot 2H_2O\downarrow \text{(蛇纹石)}$$

反应产物属于松软的水渣，易随锅炉排污排出炉外。

4.4.3 单独采用磷酸盐处理存在的问题

① 经过长期大量的数据积累查找，得出锅炉点火期间影响并汽时间的主要因素是炉水的 pH 难以在短时间内提高，达到国标 GB/T 12145—2016 要求的 9.0～10.5 的标准。结合《火电厂汽水化学导则》系列标准（DL/T 805.*X*），提出点火期间在磷酸盐处理的基础上添加少量的氢氧化钠，快速提高炉水的 pH，防止点火初期锅炉本体发生酸性腐蚀。

② 锅炉点火初期炉水磷酸根浓度高而 pH 低的原因分析：日常锅炉运行时存在磷酸盐隐藏现象，就是当锅炉负荷升高时，炉水中的磷酸盐浓度明显降低；当锅炉负荷降低时，炉水中的磷酸盐浓度明显升高。其主要原因有以下几方面。

a. 磷酸盐的沉积。锅炉水冷壁管热负荷很高，发生剧烈沸腾汽化过程，管内近壁层炉水中磷酸盐被浓缩到很高的浓度，在此区域很容易达到饱和程度。在高压条件下，磷酸盐饱和溶液的沸点与纯水沸点的温差不超过 10℃。所以当水冷壁因热负荷高或局部过热使管内壁的温度高于纯水沸腾温度的数值，超过上述温差时，磷酸盐就会以固相析出并附着在管壁上。

b. 磷酸盐与炉管内壁的 Fe_3O_4 发生反应，生成以 $NaFeOH(PO_4)_2\cdot 1/3NaOH$ 为主的腐蚀产物，消耗了磷酸盐。该反应是可逆的，磷酸盐的浓度必须超过一个临界值，反应才开始进行，随着温度的增高临界值降低，所以温度越高越容易发生磷酸盐的隐藏现象。

综合上述两个方面，当锅炉点火时，锅炉负荷较低，沉积的磷酸盐有的溶解在炉水中，造成点火初期磷酸根高而 pH 低的现象。

③ 高有机物水质进入热力系统。有机物在高温高压下发生分解，产生甲酸、乙酸等，降低炉水 pH 值，引起热力系统发生酸性腐蚀。这些酸性物质只采用磷酸盐处理难以消除。

4.4.4 如何判断含高有机物水质进入热力系统

① 氢电导率是判断有机物进入热力系统的直接手段。所谓氢电导率，就是将检测水样先通过一个阳离子交换柱，水样中的阳离子被离子交换树脂中的氢离子交换，通过交换柱的水样留有阴离子和交换下来的氢离子，然后测定电导率。

$$\text{氢电导率(CC)} = f\{[H^+], [OH^-], [Cl^-], [HCO_3^-], [NO_3^-], [CO_3^{2-}], [SO_4^{2-}], [CHCOO^-]\}$$

在热力系统水汽检测中，电导率一般采用封闭式检测，以防止外界空气溶入水样对电导率检测结果产生影响。电导率能方便地实现在线连续检测，连续检测能及时反映水质变化，电导率检测不需要添加任何试剂。

在水汽品质监测中采用氢电导率而不用电导率，其原因有两个方面，一是因为给水采用加氨处理，氨对电导率的影响远大于杂质的影响；二是由于氨在水中存在以下电力平衡：

$$NH_3 \cdot H_2O \rightleftharpoons NH_4^+ + OH^-$$

经过 H 型离子交换后可除去 NH_4^+，并生成等量的 H^+，H^+ 和 OH^- 结合生成 H_2O。由于水样中所有的阳离子都转化为 H^+，而阴离子不变，即水样中除 OH^- 外，各种阴离子是以对应的酸的形式存在，是衡量除 OH^- 以外的所有阴离子的综合指标，其值越小，说明其阴离子含量越低。

由于不同的阴离子对电导率的贡献不同，所以它是一个综合指标。例如 25℃时，35.5μg/L Cl^-、48μg/L SO_4^{2-}、59μg/L CH_3OO^- 对氢电导率的贡献分别是 0.426μS/cm、0.430μS/cm、0.391μS/cm，而纯水本身的电导率为 0.055μS/cm。所以，从氢电导率可以近似估算阴离子的浓度。

② 以实际水质估算氢电导率。在无限稀释的水溶液中，1mol/L 的 H^+、OH^- 的电导率分别为 350000μS/cm、198000μS/cm。设各机组凝汽器无泄漏，说明没有钙、镁离子进入热力系统，不存在循环水中有机物进入热力系统，进入热力系统的钠离子、有机物来源只能是化学补给水。过热蒸汽的数据为：钠离子 3.72μg/L，二氧化硅 3μg/L（对电导率无影响），氯离子忽略不计。

$$Na^+ + RH \rightleftharpoons RNa + H^+$$

那么，经过阳离子交换柱后，产生的氢离子为：

$$\frac{3.72}{23} \times 1 \approx 0.162\mu g/L$$

其对氢电导率的贡献为：

$$\frac{0.162}{10000000} \times 350000 = 0.0567\mu S/cm$$

蒸汽中可能存在的酸根离子为氯离子、有机酸根离子，而在实际分析中氯离子检测不出，可以忽略不计，有机酸根离子由于检测手段限制不了，根据氢电导数据，过热蒸汽为 0.31μS/cm，那说明有机酸根离子贡献的氢电导率为：

$$0.31-0.0567=0.25\ \mu S/cm$$

③ 采用实际数据，用排除法证明，对氢电导率有直接影响的是有机物。正常运行时炉水也会出现 pH 偏低甚至低于正常标准的现象，主要是由有机物高温分解造成的。

a. 有机物的来源：有机物一部分是随化学补给水进入热力系统，虽然化学补给水经过预处理、离子交换等处理，但仍然有一部分天然有机物和离子交换树脂碎末等进入热力系统；当凝汽器泄漏时，循环水中的有机物随凝结水进入热力系统；疏水系统中存在的有机物进入热力系统。

b. 有机物进入锅炉内后，在高温作用下发生热分解产生酸，发生不良后果主要有以下几方面：使炉水 pH 下降，影响锅炉正常的水化学工况；致使蒸汽中携带微量的挥发性酸，引起汽轮机内部腐蚀；给水 CC 上升；蒸汽品质恶化，CC 超标；有机物在炉管管壁上生成碳质沉积物，导致过热爆管。

④ 杜绝有机物的途径主要有以下几种。

a. 加强热力系统汽水品质的监测，杜绝高有机物水质进入热力系统。

b. 增加热力系统汽水品质在线检测仪，实现 24h 不间断检测，及时发现异常水质，采取措施，减缓其对热力系统的影响。

c. 增加凝结水在线 TOC 检测，及时发现凝汽器泄漏情况，杜绝循环水漏入凝结水中进入热力系统。增加 TOC 检测的重要性：总 TOC 是一个快速检定综合指标，反映水中溶解性和悬浮性有机物含碳的总量，由于采取燃烧法测定，能将有机物全部氧化，是评价水体污染程度的重要依据。

d. 加强炉外水处理，杜绝高有机物水质进入热力系统。增加活性炭过滤、膜处理工艺作为离子交换处理的预处理。加强炉外水处理装置的生产管理，杜绝不良水质进入热力系统。

4.5 预处理工艺计算的实战案例

4.5.1 滤池的计算

过滤与混凝澄清设备的设计也有两种方法，一种是根据供水量对设备规格、结构尺寸进行详细计算；另一种是按现有的定型设计选用定型设备。一般按第二种方式进行，但许多电厂的生活用水都来自预处理，因此，要充分考虑全厂的用水状况，并根据它来选择定型设备。

(1) 滤池设计供水量

① 正常供水量：

$$Q_n^F=1.04\times[Q_n^C+V_1^C(\text{或}\ V_t^C)+b](m^3/h)$$

② 最大供水量：

$$Q_{max}^F=1.04\times[Q_{max}^C+V_1^C(\text{或}\ V_t^C)+b](m^3/h)$$

③ 当设计有预脱盐装置时，其计算式为

$$Q_n^F = 1.04 \times [1.05 \times Q_n^{RO,F}(\text{或 } 2.2 \times Q_n^{ED}) + b](m^3/h)$$

$$Q_{max}^F = 1.04 \times [1.05 \times Q_{max}^{RO,F}(\text{或 } 2.2 \times Q_{max}^{ED}) + b](m^3/h)$$

式中 1.04 是考虑滤池反洗自用水而增加的系数，称自用水率。自用水率与水的处理方式有关，当采用混凝澄清处理时，该值为 4%；如果是压力式过滤器的直流混凝过滤，则该值可高达 20%。b 值为滤池出水的其他自用水量，如混凝剂配制用水、冲洗用水、活性炭床反洗用水等。

(2) 滤池的选择

根据设计供水量从滤池定型规格中进行选择，如选择的单台（格）供水量为 $Q(m^3/h)$，则再按下列关系确定台数 n_{max}^F，即

$$n_{max}^F = \frac{Q_{max}^F}{Q}$$

n_{max}^F 取整数，但不得少于 2 台（格），且 $(n_{max}^F - 1)Q \geqslant Q_n^F$。

(3) 校验运行流速

$$v_n = \frac{Q_n^F}{(n_{max}^F - 1)A_1}(m/h)$$

$$v_{max} = \frac{Q_{max}^F}{n_{max}^F A_1}(m/h)$$

式中　A_1——每台（格）滤池工作面积，m^2。

计算所得流速要符合附录三中的规定，否则要重新进行选择。如合格，则 n_{max}^F 为确定的设备台数。

(4) 周期制水时间

$$T = \frac{n_{max}^F V_F x}{Q_n^F(c_1 - c_2)}(h)$$

式中　V_F——每台（格）滤池的滤料体积，m^3；

x——滤料泥渣容量，在采用粒径为 0.5～1mm 的大理石和石英砂单层滤料时，水经澄清处理的 x 值约为 $1250g/m^3$，水经直流混凝处理时的 x 值约为 $1500g/m^3$；对粒径为 0.5～1mm 的单层无烟煤滤料的 x 值约为 $1500g/m^3$；双层滤料的 x 值约为单层滤料的 2 倍；

c_1——滤池进水中悬浮物含量，对经混凝澄清处理的水，可取 10mg/L；

c_2——滤池出水中悬浮物含量，一般取 2～5mg/L。

(5) 每昼夜每台（格）滤池反洗次数

$$R = \frac{24}{T}$$

式中，R 不得超过规定值。

(6) 反洗压缩空气量

$$V_{ai}^F = \frac{60qA_1t}{T}[m^3/(\text{台}\cdot\text{次})]$$

式中　q——空气擦洗强度（按附录十三中数据取值），$L/(m^2 \cdot s)$；

t——空气擦洗时间，一般为 2～5min，压缩空气压力一般为 0.05MPa。

（7）自用水率校核

$$自用水率=\frac{V}{\frac{Q_n^F}{n_{max}^F}\times T}\times 100\%$$

式中，V 为选用的滤池一次反洗水量，可按反洗水箱容积取值，或按下式进行计算，即

$$V=\frac{60qA_1t'}{1000}(m^3)$$

式中 q——反洗强度（按附录三取值），$L/(m^2\cdot s)$；

t'——反洗时间，按附录三取值，min。

计算所得自用水率，如与事先假设的 4%（或其他值）相差甚远，则应重新进行计算。

由于无阀滤池是一种典型滤池，有许多滤池都是由它派生出来的，故接下来以无阀滤池为例，给出滤池一般的具体工艺计算过程。

4.5.2 澄清池的计算

（1）澄清池正常供水量

$$Q=1.05\times Q_n^F(m/h)$$

（2）澄清池最大供水量

$$Q=1.05\times Q_{max}^F(m/h)$$

4.5.3 预处理的计算实例

（1）滤池的计算

1）滤池设计总供水量

① 正常出力时的总供水量：

$$Q_n^F=1.04\times(Q_n^c+V_1^c+b)=1.04\times(225.27+1.29+0)=235.62m^3/h$$

② 最大出力时的总供水量：

$$Q_{max}^F=1.04\times(Q_{max}^c+V_1^c+b)=1.04\times(351.38+1.29+0)=366.78m^3/h$$

接触混凝处理，自用水率为 4%；$b=0$。

2）滤池的选择

$$n_{max}^F=\frac{Q_{max}^F}{Q}=\frac{366.78}{240}=2台(n_{max}^F取整数)$$

选用 $Q=240m^3/h$ 定型设备，每台 2 格，滤池尺寸可定为 3.6m×3.6m，每台滤池的工作面积 A_1 为 $25.92m^2$。

3）流速校核

① 正常流速：

$$v_n=\frac{Q_n^F}{(n_{max}^F-1)A_1}=\frac{235.62}{(2-1)\times 25.92}=9.09m/h$$

② 最大流速：

$$v_{max}=\frac{Q^{F}_{max}}{n^{F}_{max}A_1}=\frac{366.78}{2\times 25.92}=7.08\text{m/h}$$

流速符合附录三中的规定，此时，可确定 n^{F}_{max} 为所需设备台数。

4）滤池周期制水时间

$$T=\frac{n^{F}_{max}V_F x}{Q^{F}_{max}(c_1-c_2)}=\frac{2\times 25.92\times 0.4\times 1250\times 2}{366.78\times(10-5)}=28.27\text{h}$$

根据流速计算范围可选用双层石英砂滤料，滤料高度为 0.4m，x 取 $1250\times 2=2500\text{g/cm}^3$；$c_1$ 取 10mg/L，c_2 取 5mg/L。

5）每昼夜每台滤池反洗次数

$$R=\frac{24}{T}=1(R\text{ 不得超过规定值})$$

6）反洗压缩空气量

$$V^{F}_{ai}=\frac{60qA_1t}{1000}=\frac{60\times 10\times 25.92\times 5}{1000}=77.76\text{m}^2/(\text{台}\cdot\text{次})$$

根据附录三中的附表 7，q 可取 $10\sim 15\text{L/(m}^2\cdot\text{s)}$，此处取 $10\text{L/(m}^2\cdot\text{s)}$；空气擦洗时间 t，此处取 5min，压缩空气压力一般为 0.05MPa。

7）反洗用水量

$$V=\frac{60qA_1t'}{1000}=\frac{60\times 16\times 25.92\times 5}{1000}=124.42\text{m}^3/(\text{台}\cdot\text{次})$$

8）自用水率校核

$$\text{自用水率}=\frac{V}{\frac{Q^{F}_{n}}{n^{F}_{max}}\times T}\times 100\%=\frac{124.42}{\frac{235.62}{2}\times 28.27}\times 100\%=3.74\%$$

（2）澄清池的计算

1）澄清池正常供水量

$$Q=1.05\times Q^{F}_{n}=1.05\times 235.62=247.40\text{m}^3/\text{h}$$

2）澄清池最大供水量

$$Q_{max}=1.05\times Q^{F}_{max}=1.05\times 366.78=385.12\text{m}^3/\text{h}$$

总供水量、滤池冲洗自用水水量为 5%，故可用 $Q=320\text{m}^3/\text{h}$ 的机械搅拌澄清池设备 2 台。

第5章 离子交换工艺的设计

5.1 除盐系统选择

除去水中溶解盐类的处理工艺称为除盐，离子交换法除盐是目前普遍采用的除盐方法之一。离子交换法是指某些材料遇水时，能将本身具有的离子与水中带同类电荷的离子进行交换反应的方法，这些材料称为离子交换剂。在离子交换技术应用的初期，采用的只是天然的和无机质的交换剂，目前普遍应用于水处理中的离子交换剂是合成的离子交换树脂。

水处理中常用到的离子交换有 Na^+ 交换、H^+ 交换和 OH^- 交换。根据应用目的的不同，它们组合成的工艺有为除去水中硬度的 Na^+ 交换软化处理、为除去硬度并降低碱度的 H-Na 离子交换软化降碱处理，以及为除去水中全部溶解盐类的 H-OH 离子交换除盐处理。

5.1.1 离子交换树脂和离子交换原理

离子交换树脂是一类带有活性基团的网状结构的高分子化合物。离子交换树脂的分子结构中，可以人为地分为两个部分：一部分称为离子交换树脂的骨架，它是高分子化合物的基体，具有庞大的空间结构，支撑着整个化合物；另一部分是带有可交换离子的活性基团，它结合在高分子骨架上，起提供可交换离子的作用。活性基团也是由两部分组成：一是固定部分，与骨架牢固结合，不能自由移动，称为固定离子；二是活动部分，遇水可电离，并能在一定范围内自由移动，可与周围水中的其他带同类电荷的离子进行交换反应，称为可交换离子。

1）离子交换树脂的合成

目前，常用的离子交换树脂合成过程一般分为两个阶段：高分子聚合物骨架的制备和在高分子聚合物骨架上引入活性基团。即首先将单体（进行高分子聚合的主要原料）制备成球状颗粒的高分子聚合物，然后在这种高分子聚合物上进行有机高分子反应，使之带上所需的活性基团。苯乙烯系树脂的合成就属于这种情况。

也有些离子交换树脂是由已具备活性基团的单体经过聚合，或在聚合过程中同时引入活性基团，直接一步制得的，如丙烯酸系树脂。

下面简要介绍苯乙烯系离子交换树脂和丙烯酸系离子交换树脂的合成方法。

① 苯乙烯系离子交换树脂。

第一步，共聚。

$$\underset{\text{(单体)}}{\text{苯乙烯}}+\underset{\text{(交联剂)}}{\text{二乙烯苯}}\xrightarrow{\text{共聚}}\underset{\text{(聚合物)}}{\text{聚苯乙烯}}$$

苯乙烯是主体原料，二乙烯苯的作用是在聚苯乙烯线性高分子间搭桥成网，故称为交联剂。聚合物中有了交联剂便成了体型高分子化合物，成为不溶的固体。在聚合物中，交联剂的质量分数称为树脂的交联度，用符号 DVB 表示。共聚制得的聚合物不含可交换离子，为惰性树脂，习惯称白球。

第二步，引入活性基团。在白球上引入各种活性基团，可制得交换离子不同的树脂。例如，白球经浓 H_2SO_4 处理（即磺化），引入—SO_3H 活性基团，制得强酸性阳离子交换树脂 R—SO_3H；如果白球用氯甲醚处理后，再进行胺化，可制得阴离子交换树脂。用叔胺胺化制得的是季铵型阴离子交换树脂，因季铵为强碱，故它是强碱性阴离子交换树脂。用于胺化的叔胺有两种：三甲胺［$N(CH_3)_3$］和二甲基乙醇胺［$(CH_3)_2NC_2H_4OH$］，用前者胺化所得产品为Ⅰ型强碱性阴离子交换树脂，用后者胺化所得产品为Ⅱ型强碱性阴离子交换树脂，Ⅰ型的碱性比Ⅱ型强，Ⅱ型的交换容量比Ⅰ型的大。如果胺化时采用 NH_3、伯胺或仲胺，则所得产品均为弱碱性阴离子交换树脂。

由于合成阴离子交换树脂的反应比较复杂，所得产品的活性基团并不单一，例如，强碱性阴离子交换树脂上常带有弱碱性基团，弱碱性阴离子交换树脂上又常有一些强碱性基团。

② 丙烯酸系离子交换树脂。用丙烯酸甲酯或甲基丙烯酸甲酯代替苯乙烯，并与二乙烯苯共聚，制得丙烯酸共聚物。共聚物直接水解得丙烯酸系弱酸性阳离子交换树脂 R—COOH。若将共聚物进行胺化，还可得到丙烯酸系弱碱性阴离子交换树脂。

为了书写化学式的方便，常把树脂骨架和固定离子用 R 表示，酸性阳离子交换树脂表示成 RH，碱性阴离子交换树脂表示成 ROH。这种表示方法不能反映树脂酸碱性的强弱，所以有时把固定离子也表示出来，如强酸性阳离子交换树脂表示为 R—SO_3H，弱酸性阳离子交换树脂表示为 R—COOH，强碱性阴离子交换树脂表示为 R—$N(CH_3)_3OH$（季铵Ⅰ型）、R—$N(CH_3)_2(C_2H_2OH)OH$（季铵Ⅱ型），弱碱性阴离子交换树脂表示为 R═NHOH（叔胺型）、R═NH_2OH（仲胺型）和 R—NH_3OH（伯胺型）。

2）离子交换树脂的分类

① 按活性基团的性质分类。离子交换树脂根据其活性基团或可交换离子的带电性质，可分为阳离子交换树脂和阴离子交换树脂。带有酸性活性基团，能与水中阳离子进行交换的称阳离子交换树脂；带有碱性活性基团，能与水中阴离子进行交换的称阴离子交换树

脂。按活性基团上可交换离子（如 H^+ 或 OH^-）电离的强弱程度，阳离子交换树脂又可分为强酸性阳离子交换树脂和弱酸性阳离子交换树脂，阴离子交换树脂又可分为强碱性阴离子交换树脂和弱碱性阴离子交换树脂。此外，按活性基团的性质还可分为螯合性、两性及氧化还原性树脂等。

② 按离子交换树脂的孔型分类。按孔型的不同，离子交换树脂可分为凝胶型和大孔型两大类。

a. 凝胶型树脂。这种树脂是由苯乙烯和二乙烯苯混合物在引发剂存在下进行悬浮聚合得到的具有交联网状结构的聚合物，因这种聚合物呈透明或半透明状态的凝胶结构，所以称凝胶型树脂。它在干的状态下没有网孔，当浸入水中吸收水分后，网孔张开，平均孔径为 1～2nm。与大孔型树脂相比，凝胶型树脂的孔眼很小，且大小不一。凝胶型树脂因其孔径小，不利于离子运动，直径较大的分子（如有机物）通过时，容易堵塞网孔，再生时也不易洗脱下来。

凝胶型树脂的机械强度较差，主要是因为苯乙烯和二乙烯苯进行共聚反应（主反应）的同时，存在苯乙烯分子之间的聚合反应（副反应），而苯乙烯聚合物为线型高分子，机械强度较差。超凝胶型树脂就是最大限度地抑制副反应，而得到的一种机械强度较高的树脂。

b. 大孔型树脂。这类树脂的制备方法与凝胶型树脂的不同主要是高分子聚合物骨架的制备。制备大孔结构高分子聚合物骨架时，要在单体混合物中加入致孔剂，待聚合反应完成后，再将致孔剂抽提出来，这样便留下了永久性网孔。这种永久性网孔称物理孔。所用的致孔剂应能与单体混溶，但不参与化学反应，常用的致孔剂有甲苯、汽油等。

大孔型树脂的特点是在整个树脂内部无论干或湿、收缩或溶胀都存在着比凝胶型树脂更多、更大的孔，孔径一般在 20～100nm，因此比表面积大（几百到数百平方米每克），因为截留在孔中的有机物容易在再生过程中洗脱出来，所以大孔型树脂具有抗有机物污染的能力。大孔型树脂由于孔隙占据一定的空间，离子交换基团含量相应减少，所以交换容量比凝胶型树脂低。为此，在大孔型树脂的制备过程中，采取了对网孔的大小和孔隙的多少加以适当控制，以提高其交换容量，使其更符合实际应用的要求。这就是人们说的第二代大孔型树脂。

大孔型树脂的交联度通常要比凝胶型树脂的大，大分子不易降解，所以大孔型树脂的抗氧化能力较强，机械强度较高。对于凝胶型树脂来说，如果采用增大交联度的办法来提高机械强度，则会因制成的树脂网孔过小，离子交换速度缓慢而失去应用意义。通常，凝胶型树脂的交联度在 7%左右，而大孔型树脂的交联度可高达 16%～20%。

③ 按合成离子交换树脂的单体种类分类。按合成树脂的单体种类不同，离子交换树脂还可分为苯乙烯系、丙烯酸系。此外，还有酚醛系、环氧系、乙烯吡啶系和脲醛系等，但它们未在水处理领域中应用。

3）离子交换树脂的命名方法

离子交换树脂的命名是根据 GB/T 1631—2008《离子交换树脂命名系统和基本规范》

制定的，现将其命名方法简述如下。

① 名称。离子交换树脂的全称由分类名称、骨架名称、基本名称依次排列组成。基本名称为离子交换树脂。大孔型树脂在全称前加“大孔”两字。分类属酸性的在基本名称前加“阳”字；分类属碱性的，在基本名称前加“阴”字。

② 型号。离子交换树脂产品的型号由三位阿拉伯数字组成，第一位数字代表产品类别（活性基团代号），第二位数字代表骨架组成（骨架代号），第三位数字为顺序号。代号数字的意义见表5-1和表5-2。

表5-1　活性基团代号及性质（第一位数字）

代号	0	1	2	3	4	5	6
活性基团性质	强酸	弱酸	强碱	弱碱	螯合	两性	氧化还原

表5-2　骨架代号及名称（第二位数字）

代号	0	1	2	3	4	5	6
骨架名称	苯乙烯系	丙烯酸系	酚醛系	环氧系	乙烯吡啶系	脲醛系	氯乙烯系

凡属大孔型树脂，在型号前加“大”字的汉语拼音首位字母“D”；凡属凝胶型树脂，在型号前不加任何字母，交联度值可在型号后用“X”连接阿拉伯数字表示。

对于不同床型使用的树脂可在其型号后加专用符号，见表5-3。

表5-3　不同床型树脂的专用符号

床型	软化床	混床	浮动床	双层床	凝结水混床	凝结水单床	三层床混床
专用符号	R	MB	FC	SC	MBP	P	TR

此外，某些特殊用途的树脂分别加注下述字符组表示：“-NR”——核级树脂，“-ER”——电子级树脂，“-FR”——食品级树脂。

5.1.2　离子交换树脂的性能指标

（1）粒度

粒度是表示树脂颗粒大小和均匀程度的一项指标。离子交换树脂的颗粒大小不可能完全一样，所以一般不能简单地用一个粒径指标来表示。目前有关粒度的标准，除规定树脂“有效粒径”和“均一系数”外，还规定了树脂粒度范围和限定大于粒度范围上限或小于粒度范围下限粒径的百分数。

有效粒径是指筛上保留90%树脂体积的相应试验筛筛孔孔径（mm），用符号 d_{90} 表示。

均一系数是指筛上保留40%树脂体积的相应试验筛筛孔孔径 d_{40} 与保留90%树脂体积的相应试验筛筛孔孔径的比值，用符号 K_{40} 表示，即

$$K_{40}=\frac{d_{40}}{d_{90}}$$

显然，均一系数是一个大于1的数，越趋近于1，则组分分布越狭窄，树脂的颗粒也越均匀。

树脂的粒度分布是通过对树脂进行筛分来测定的，根据粒度分布曲线，求得有效粒径和均一系数。树脂通常是在湿态下使用的，所以在进行树脂粒度分布测定时，是将完全水化了的树脂在湿态下进行筛分测定的。

离子交换树脂应颗粒大小适中。若颗粒太小，则水流阻力大；若颗粒太大，则交换速度慢；若颗粒大小不均，小颗粒夹在大颗粒之间，首先会使水流阻力增加，其次也不利于树脂的反洗，若反洗强度大，会冲走小颗粒，而反洗强度小，又不能有效地松动大颗粒。

（2）密度

离子交换树脂的密度是指单位体积树脂所具有的质量，单位常用“g/mL”表示。因为离子交换树脂是多孔的粒状物质，所以有真密度和视密度之分。真密度是相对树脂的真体积而言，视密度是相对树脂的堆积体积而言。由于在水处理工艺中，树脂都是在湿状态下使用的，所以与水处理工艺有密切关系的是树脂的湿真密度和湿视密度。

1）湿真密度

湿真密度是指树脂在水中经充分溶胀后的真密度。

$$\text{湿真密度}(\rho_Z)=\frac{\text{湿树脂质量}}{\text{湿树脂的真体积}}$$

湿树脂的真体积是指树脂在湿状态下的颗粒体积，此体积包括颗粒内网孔的体积，但颗粒和颗粒间的空隙体积不应计入。

树脂的湿真密度与其在水中所表现的水力特性有密切关系。它直接影响到树脂在水中的沉降速度和反洗膨胀率，是树脂的一项重要实用性能，其值一般在1.04～1.30g/mL。树脂的湿真密度随其交换基团的离子型不同而改变。

2）湿视密度

湿视密度是指树脂在水中充分溶胀后的堆积密度。

$$\text{湿视密度}(\rho_S)=\frac{\text{湿树脂质量}}{\text{湿树脂的堆积体积}}$$

树脂的湿视密度一般为0.60～0.85g/mL。树脂的湿视密度不仅与其离子型有关，还与树脂的堆积状态有关，即与大小颗粒混合的程度及堆积密实程度有关。

树脂的湿视密度与湿真密度有如下关系：

$$\rho_S=(1-P)\rho_Z$$

式中，ρ_S、ρ_Z 分别为树脂的湿视密度、湿真密度；P 为树脂层空隙率。在已知 ρ_S 和 ρ_Z 的情况下，可根据上式计算相应条件下树脂层的空隙率。空隙率越大，说明树脂颗粒均匀性越好。树脂的密度与其交联度有关，若交联度高，由于树脂的结构紧密，所以密度也大。

通常，阳离子交换树脂的密度大于阴离子交换树脂的密度，强型离子交换树脂的密度大于弱型离子交换树脂的密度。

3）含水率

含水率是离子交换树脂固有的性质。为使交换离子在树脂颗粒内部能自由运动，树脂颗粒内须含有一定的水分。树脂的含水率是指单位质量的湿树脂（除去表面水分后）所含水分的百分数，一般在 50%左右。

$$含水率(W)=\frac{湿树脂质量-干树脂质量}{湿树脂质量}\times 100\%$$

含水率可反映树脂的交联度和孔隙率的大小，树脂含水率大表示它的孔隙率大和交联度低。

测定树脂含水率的关键是如何除去表面水分，而又能保持内部水分不损失。除去颗粒表面水分的方法有吸干法、抽滤法和离心法。

4）溶胀和转型体积改变率

将干的离子交换树脂浸入水中时，其体积会膨胀变大，这种现象称为溶胀。离子交换树脂有两种溶胀现象，一种是不可逆的，即新树脂经溶胀后，如重新干燥，不再恢复到原来的大小；另一种是可逆的，即当树脂浸入水中时，体积会胀大，而干燥时又会复原。

造成离子交换树脂溶胀现象的基本原因是活性基团上可交换离子的溶剂化作用。离子交换树脂颗粒内部存在着很多极性活性基团，由于离子浓度的差别，极性活性基团与树脂颗粒外围水溶液之间产生渗透压，这种渗透压可使颗粒从外围水溶液中吸取水分来降低其离子浓度。因为树脂颗粒是不溶的，所以这种渗透压被树脂骨架网络弹性张力抵消而达到平衡，表现出溶胀现象。树脂的溶胀性取决于以下因素。

① 树脂的交联度。交联度越大，溶胀性越小。

② 活性基团。此基团越易电离，则树脂的溶胀性就越强；此基团越多或吸水性越强，溶胀性也越大。

③ 溶液中离子浓度。溶液中离子浓度越大，树脂颗粒内部与外围水溶液之间的渗透压差越小，树脂的溶胀性就越小。

④ 可交换离子。可交换离子价数越高，溶胀性越小；对于同价离子，水合能力越强，溶胀性就越大。

强酸性阳离子交换树脂中不同离子的溶胀性大小顺序为 $H^+>Mg^{2+}>Na^+>K^+>Ca^{2+}$。001×7 阳离子交换树脂由 Na 型转为 H 型时，体积增大 5%～8%；由 Ca 型转为 H 型时，体积增大 12%～13%。

强碱性阴离子交换树脂中不同离子的溶胀性大小顺序为 $OH^->HCO_3^-\approx CO_3^{2-}>SO_4^{2-}>Cl^-$。201×7 阴离子交换树脂由 Cl 型转为 OH 型时，体积增大 15%～20%。

弱型树脂转型体积改变很明显，尤其是弱酸性阳离子交换树脂，由 H 型转为 Na 型时，体积一般可增大 60%～70%；由 H 型转为 Ca 型、Mg 型时，可增大 10%～30%。弱碱性阴离子交换树脂由游离碱型转为 Cl 型时，体积一般增大 15%～20%。

因此，当树脂由一种离子型转为另一种离子型时，其体积就会发生改变，此时树脂体积改变的百分数称为树脂转型体积改变率。

离子交换树脂的溶胀性对它的使用工艺有很大影响。例如，干树脂直接浸泡于纯水中时，由于颗粒的强烈溶胀，会发生颗粒破裂的现象；又如，在交换器运行的制水和再生过程中，由于树脂离子形态的反复变化，会引起颗粒的不断膨胀和收缩，反复的膨胀和收缩会促使颗粒破裂、产生裂纹和机械强度降低。

5）交换容量

交换容量是表示离子交换树脂交换能力大小的一项性能指标。

按树脂计量方式的不同，其单位有两种表示方法：一种是质量表示法，即单位质量离子交换树脂中可交换的离子量，通常用 mmol/g 表示，这里的质量可用湿态质量，也可用干态质量（干态时应加以标注）；另一种是体积表示法，即单位体积离子交换树脂中可交换的离子量，通常用 mmol/L 表示，这里的体积是指湿态下树脂的堆积体积或真体积（真体积时应加以标注）。

作为树脂基本性能的交换容量有全交换容量、中性盐分解容量和弱酸（或弱碱）基团交换容量。全交换容量是指单位质量或体积的离子交换树脂中所有可交换离子的总量。对于阴离子交换树脂，由于强碱性阴离子交换树脂中同时含有弱碱基团，弱碱性阴离子交换树脂中也同时含有强碱基团，所以还常用中性盐分解容量来表示其中强碱基团量的多少。所谓中性盐分解容量是指树脂能与中性盐进行交换反应的交换容量。全交换容量与中性盐分解容量之差，即弱碱基团交换容量。

体积交换容量与质量交换容量有以下关系：

$$q_v = q_m(1-W)\rho_s$$

式中，q_v 为体积交换容量，mmol/mL；q_m 为干态质量交换容量，mmol/g；W 为树脂含水率；ρ_s 为树脂湿视密度，g/mL。

树脂的交换容量与其离子形态有关。这是因为树脂在不同离子形态时，质量和体积是不相同的。规定的树脂基准离子形态是强酸性阳离子交换树脂为 Na 型，弱酸性阳离子交换树脂为 H 型，强碱性阴离子交换树脂为 Cl 型，弱碱性阴离子交换树脂为 OH 型。

树脂工艺性能的交换容量是工作交换容量。所谓工作交换容量是指树脂在具体工艺条件下实际发挥的交换容量。

6）机械强度

树脂的机械强度是指树脂在各种机械力作用下，抵抗破坏的能力，包括它的耐磨性、抗渗透冲击性等。树脂在实际应用中，由于摩擦、挤压、周期性转型使其体积胀缩，以及高温、氧化等，都有可能造成树脂颗粒的破裂，而影响树脂的使用寿命。在生产实践中，上述因素的出现和影响往往是错综复杂的。

DL/T 519—2014《发电厂水处理用离子交换树脂验收标准》规定凝胶型树脂的机械强度用渗磨圆球率这一指标表示。

电厂锅炉补给水除盐处理中常用的国产树脂是 001×7、001×7MB 强酸性苯乙烯系阳离子交换树脂和 201×7、201×7MB 强碱性苯乙烯系阴离子交换树脂，以及 D301 大孔弱碱性苯乙烯系阴离子交换树脂和 D113 大孔弱酸性丙烯酸系阳离子交换树脂。表 5-4 和表 5-5 分别列出了 DL/T 519—2014《发电厂水处理用离子交换树脂验收标准》中上述树脂的技术要求。

表 5-4 001×7、001×7MB、D113 阳离子交换树脂的技术要求

指标名称	001×7 (氢型/钠型)	001×7MB (氢型/钠型)	D113 (氢型)
含水率/%	51～56/45～50		45～52
全交换容量/(mmol/g)	≥5.0/≥4.5		≥10.8
体积交换容量/(mmol/mL)	≥1.75/≥1.9	≥1.7/≥1.8	≥4.4
湿视密度/(g/mL)	0.73～0.83/0.77～0.87		0.72～0.80
湿真密度/(g/mL)	1.17～1.22/1.25～1.29		1.14～1.20
范围粒度/%	(0.315～1.250mm) ≥95	(0.500～1.250mm) ≥95	(0.315～1.250mm) ≥95
下限粒度/%	(<0.315mm) ≤1	(<0.500mm) ≤1	(<0.315mm) ≤1
有效粒径/mm	0.40～0.70	0.55～0.90	0.40～0.70
均一系数	≤1.6	≤1.4	≤1.6
渗磨圆球率(原样测定)/%	≥60		≥95
转型膨胀率(H→Na)/%	—		≤70
氢型率/%	—		≥98

注:有效粒径、均一系数、范围粒度和下限粒度测定用钠型,渗磨圆球率测定用原样树脂。

表 5-5 201×7、201×7MB、D301 阴离子交换树脂的技术要求

指标名称	201×7 (氢氧型/氯型)	201×7MB (氢氧型/氯型)	D301 (游离胺型)
最大再生容量/全交换容量/(mmol/g)	≥3.8/—(最大再生容量)		≥4.80(全交换容量)
强型基团容量/(mmol/g)	≥3.6/≥3.5		≤1.0
体积交换容量/(mmol/g)	≥1.10/≥1.35		≥1.45
含水率/%	53～58/42～48		48～58
湿视密度/(g/mL)	0.66～0.71/0.67～0.73		0.65～0.72
湿真密度/(g/mL)	1.06～1.09/1.07～1.10		1.03～1.06
有效粒径/mm	0.40～0.70	0.50～0.80	0.40～0.70
均一系数	≤1.6	≤1.4	≤1.6
范围粒度/%	(0.315～1.250mm) ≥95	(0.400～0.900mm) ≥95	(0.315～1.250mm) ≥95
下限粒度/%	(<0.315mm) ≤1	—	(<0.315mm) ≤1

续表

指标名称	201×7（氢氧型/氯型）	201×7MB（氢氧型/氯型）	D301（游离胺型）
渗磨圆球率（原样测定）/%	≥60		≥90
转型膨胀率（OH→Cl）/%	—		≤28

注：有效粒径、均一系数、范围粒度和下限粒度测定用氯型，渗磨圆球率测定用原样树脂。

5.1.3 离子交换树脂的选择性

离子交换树脂对不同的离子有不同的亲和力，吸着各种离子的能力不同，这种性能就是离子交换树脂的选择性。在离子交换水处理工艺中，离子交换树脂的选择性影响着树脂的制水和再生过程，是树脂应用中的一个重要性能。

离子交换树脂的选择性主要取决于被交换离子的结构。这有两个规律：一是离子电荷越多，则越易被树脂吸着，这是因为离子电荷越多，与树脂中固定离子的静电引力越大，因而亲和力越大；二是带有相同电荷的离子，水合离子半径小者较易被吸着，这是因为水合离子半径小，电荷密度大，因此与固定离子的静电引力大。

树脂的交联度对树脂的选择性也有重要影响。交联度越大，树脂对不同离子之间的选择性差异也越大；交联度越小，这种选择性差别也越小。此外，离子交换树脂的选择性还与溶液浓度有关。

在离子交换水处理中，往往需要知道水中何种离子优先被树脂吸着，何种离子较难被吸着，即所谓选择性顺序。选择性顺序关系到各种离子在树脂层中的排列情况，根据这个顺序，可判断水通过交换器时何种离子最容易泄漏于水中。

强酸性阳离子交换树脂，在稀溶液中对常见阳离子的选择性顺序为 $Fe^{3+}>Al^{3+}>Ca^{2+}>Mg^{2+}>K^{+}\approx NH_4^{+}>Na^{+}>H^{+}$；对于弱酸性阳离子交换树脂，如羧酸型阳离子交换树脂对 H^{+} 的亲和力比对 Fe^{3+} 的还强，其选择性顺序为 $H^{+}>Fe^{3+}>Al^{3+}>Ca^{2+}>Mg^{2+}>K^{+}\approx NH_4^{+}>Na^{+}$。

强碱性阴离子交换树脂在稀溶液中，对常见阴离子的选择性顺序为 $SO_4^{2-}>NO_3^{-}>Cl^{-}>OH^{-}>HCO_3^{-}>HSiO_3^{-}$；弱碱性阴离子交换树脂的选择性顺序为 $OH^{-}>SO_4^{2-}>NO_3^{-}>Cl^{-}>HCO_3^{-}$。弱碱性阴离子交换树脂对 HCO_3^{-} 交换能力很差，对 $HSiO_3^{-}$ 甚至不交换。

在浓溶液中，由于离子间的干扰较大，且水合半径的大小顺序与在稀溶液中有些差别，其结果使各离子间的选择性差别较小，有时甚至出现相反的顺序。

5.1.4 离子交换树脂的交换原理

有关离子交换的原理有多种解释，其中对离子交换树脂来说是双电层理论。

双电层理论认为，离子交换树脂上的可交换离子是由许多活性基团在水中发生电离作用而形成的，当离子交换树脂遇水时，离子交换树脂的可交换离子在水分子的作用下，有向水中扩散的倾向，从而使树脂活性基团上留有与可交换离子相反的电荷，形成正或负的电场，异性电荷存在吸引力，从而抑制了可交换离子的进一步扩散。其结果是在浓差扩散和静电引力两种相反力的作用下，形成了双电层式的结构。由于离子交换树脂的骨架结构不变，所以交换作用是在水溶液中的离子和双电层中反离子之间进行的。

在水溶液中，连接在树脂骨架上的活性基团（如—SO_3H）能解离出可交换离子（如 H^+），并向溶液中扩散，同时溶液中带同类电荷的离子（如 Na^+）也能扩散到整个树脂多孔结构的内部，这两种离子之间的浓度差推动了它们的扩散和相互交换。所以，改变离子浓度等环境条件，可促使双电层结构示意树脂的可交换离子与水溶液中带同类电荷的离子进行可逆交换。而溶液中带相反电荷的离子（如 Cl^-），由于受到树脂活性基团负电场的排斥而不交换。

此外，由于离子交换树脂活性基团对各种离子的亲和力大小各不相同，所以在人为控制条件下，活性基团解离出的可交换离子就可与溶液中带同类电荷的离子发生交换。例如，磺酸型阳离子交换树脂（R—SO_3H）与含 NaCl 的稀溶液接触时，由于树脂上 H^+ 浓度大，而且磺酸基对 Na^+ 的亲和力比对 H^+ 大，所以树脂上的 H^+ 就与溶液中的 Na^+ 发生交换，使树脂活性基团上原来所带的 H^+ 进入溶液，而溶液中的 Na^+ 则交换到树脂上，此反应可用方程式表示为（右向箭头所示）

$$R—SO_3H + NaCl \underset{\text{再生}}{\overset{\text{交换}}{\rightleftharpoons}} R—SO_3Na + HCl$$

交换以后，树脂由原来的 H 型变成 Na 型，失去交换水中 Na^+ 的能力。若在 Na 型树脂中通入浓度较大的 HCl（如 5%），此时由于溶液中的 H^+ 浓度较大，则又可将树脂上的 Na^+ 置换下来，使树脂重新带上可交换的 H^+（上式中的左向箭头所示），恢复了树脂的交换能力，又可重新使用，这一过程称为再生。

5.1.5　离子交换树脂的选择

离子交换法主要用于除去水中可溶性盐类。选择树脂时应综合考虑原水水质、处理要求、交换工艺，以及投资和运行费用等因素。当分离无机阳离子或有机碱性物质时，宜选用阳离子交换树脂；分离无机阴离子或有机酸时，宜采用阴离子交换树脂。对氨基酸等两性物质的分离，既可用阳离子交换树脂，也可用阴离子交换树脂。对某些贵金属和有毒金属离子（Hg^{2+}）可选择螯合树脂交换回收。对有机物（如酚），宜用低交联度的大孔树脂处理，绝大多数除盐系统都用强型离子交换树脂。

废水处理时，对交换势大的离子，宜采用弱型离子交换树脂。此时弱型离子交换树脂的交换能力强、再生容易，运行费用低。当废水中含有多种离子时，可利用选择性交换进行多级回收，如不需要回收时，可用阴阳离子交换树脂混床处理。

5.2　离子交换一级复床工艺

一级除盐系统（primary demineralization system）是指原水只一次相继通过阳离子交

换器和阴离子交换器的除盐系统，又称为一级复床除盐系统。其通过阳离子交换器与阴离子交换器中阴阳离子交换树脂是否属于强酸强碱可分为：强酸强碱型一级复床除盐、强酸弱碱型一级复床除盐、弱酸强碱型一级复床除盐、弱酸弱碱型一级复床除盐。

原水在H交换器（阳离子交换器）中经氢离子（H^+）交换后，除去水中的阳离子，被交换下来的H^+与水中的阴离子结合成相应的酸；之后原水进入OH交换器（阴离子交换器）后，以酸形式存在的阴离子与ROH碱性阴离子交换树脂进行交换反应后被除去，被交换下来的OH^-与水中的H^+中和生成水，从而将水中溶解盐类除去制得除盐水。

除碳器应设在H交换器之后、OH交换器之前，这样可有效地将水中HCO_3^-以CO_2形式除去，以减轻OH交换器的负担和降低碱耗。因为经H^+交换后，在酸性条件下HCO_3^-才会以CO_2形式存在，若除碳器放在H交换器之前是起不到这个作用的。除碳器不能放在OH交换器之后是因为含CO_2的水进入OH交换器之后，在中性条件下它会以HCO_3^-形式被强碱树脂交换，所以若除碳器放在OH交换器之后将失去其作用。

（1）阳离子交换器反应式

① 当阳离子交换器中为强酸性树脂时，其基团为—SO_3H（用RH表示），主要反应式可能为：

$$2RH+Ca(HCO_3)_2 \longrightarrow R_2Ca+2H_2CO_3$$

$$2RH+Mg(HCO_3)_2 \longrightarrow R_2Mg+2H_2CO_3$$

$$2RH+Na_2SO_4 \longrightarrow 2RNa+H_2SO_4$$

$$RH+NaCl \longrightarrow RNa+HCl$$

$$2RH+CaSO_4 \longrightarrow R_2Ca+H_2SO_4$$

$$2RH+MgSO_4 \longrightarrow R_2Mg+H_2SO_4$$

$$RH+NaHCO_3 \longrightarrow RNa+H_2CO_3$$

② 当阳离子交换器中为弱酸性树脂时，其基团为—COOH（用R—COOH表示），主要反应式可能为：

$$2R—COOH+Ca(HCO_3)_2 \longrightarrow (R—COO)_2Ca+2H_2O+2CO_2$$

$$2R—COOH+Mg(HCO_3)_2 \longrightarrow (R—COO)_2Mg+2H_2O+2CO_2$$

$$2R—COOH+CaSO_4 \longrightarrow (R—COO)_2Ca+H_2SO_4$$

$$2R—COOH+MgSO_4 \longrightarrow (R—COO)_2Mg+H_2SO_4$$

$$R—COOH+NaCl \longrightarrow R—COONa+HCl$$

（2）阴离子交换器反应式

① 当阴离子为强碱性树脂时，其基团为ROH，主要反应式为：

$$ROH+HCl \longrightarrow RCl+H_2O$$

$$2ROH+H_2SO_4 \longrightarrow R_2SO_4+2H_2O$$

$$ROH+H_2SO_4 \longrightarrow RHSO_4+H_2O$$

$$ROH+H_2CO_3 \longrightarrow RHCO_3+H_2O$$

$$ROH+H_2SiO_3 \longrightarrow RHSiO_3+H_2O$$

② 当阴离子为弱碱性树脂时，其基团为R═NHOH，主要反应式为：

$$R{=}NHOH + HCl \longrightarrow R{=}NHCl + H_2O$$

$$2R{=}NHOH + H_2SO_4 \longrightarrow (R{=}NH)_2SO_4 + 2H_2O$$

5.3 离子交换二级混床工艺

5.3.1 混床除盐的基本原理

所谓混床就是将阴、阳离子交换树脂按照一定的比例混合均匀装在同一个交换器中，水通过时同时完成阴、阳离子交换过程的床型，简称混床。

经复床除盐处理的水，虽然水质已经很好，但其纯度仍然只能达到电导率小于 5μS/cm、$\rho(SiO_2)$ <100μg/L 的程度。其主要原因是位于系统首位的 H 交换器的出水中有强酸，离子交换的逆反应倾向比较显著，以致出水中仍残留少量 Na^+，而 H 交换器出水中的 Na^+ 又会影响串联其后的 OH 交换器的出水水质。为解决此问题，一是采取增加级数的办法来提高水质，但增加了设备的台数和系统的复杂性；二是同时进行阴离子交换反应和阳离子交换反应，这就是混床除盐。

对水质要求很高时，混床中所用树脂都必须是强型的，弱酸树脂和弱碱树脂组成的混床出水水质很差，一般不采用。混床可看作是由许许多多阴、阳离子交换树脂交错排列而组成的多级式复床。在混床中，由于运行时阴、阳离子交换树脂是相互混匀的，所以阴离子的交换反应和阳离子的交换反应几乎是同时同地进行的。因此，经阳离子交换产生的 H^+ 和经阴离子交换产生的 OH^- 都不会累积起来，而是马上互相中和生成 H_2O。这就使交换反应进行得十分彻底，出水水质很好，其交换反应为：

$$2RH + 2R'OH + \begin{cases} Ca^{2+} \\ Mg^{2+} \\ 2Na^+ \end{cases} + \begin{cases} SO_4^{2-} \\ 2Cl_2^- \\ 2HCO_3^- \\ 2HSiO_3^- \end{cases} \longrightarrow R_2\begin{cases} Ca \\ Mg \\ (Na)_2 \end{cases} + R_2'\begin{cases} SO_4 \\ (Cl)_2 \\ (HCO_3)_2 \\ (HSiO_3)_2 \end{cases} + 2H_2O$$

为区分阳离子交换树脂和阴离子交换树脂的骨架，式中将阴离子交换树脂的骨架用 R′表示，以示区别。

混床中树脂运行失效后，应先将两种树脂分离，分别进行再生和清洗。然后再将两种树脂混合均匀，投入运行。

5.3.2 混床的计算

(1) 混床的总工作面积（m^2）

1) 正常出力时的面积

$$A_n = \frac{Q_n}{v}$$

式中 Q_n——水处理系统正常总供水量，m^3/h；

v——运行流速，m/h。

2）最大出力时的面积

$$A_{max}=\frac{Q_{max}}{v}$$

式中 Q_{max}——水处理系统最大总供水量，m^3/h；

v——运行流速，m/h。

（2）交换器截面积（m^2）

$$A_n=\frac{\pi}{4}d^2$$

根据附录二中的附表 2，可选用相应直径的定型混床设备，其截面积为 A_1。

（3）选择混床台数

1）正常出力时

$$n_n^M=\frac{A_n}{A_1}=\frac{4A_n}{\pi d^2}$$

2）最大出力时

$$n_{max}^M=\frac{A_{max}}{A_1}=\frac{4A_{max}}{\pi d^2}$$

（4）校验实际运行流速

1）正常出力时

$$v_n=\frac{Q_n}{A_1 n_n^M}$$

2）最大出力时

$$v_{max}=\frac{Q_{max}}{A_1 n_{max}^M}$$

（5）混床内树脂体积（m^3/台）

1）阳离子交换树脂

$$V_{RC}=A_1 h_{RC}$$

2）阴离子交换树脂

$$V_{RA}=A_1 h_{RA}$$

式中 h_{RC}——混床中阳离子交换树脂的高度，m；

h_{RA}——混床中阴离子交换树脂的高度，m。

（6）混床周期制水时间（h）

$$T=\frac{V_{RC}E_C+V_{RA}E_A}{\frac{Q_n v}{n_n^M}\times C_J}$$

式中 E_C——阳离子交换树脂的工作交换容量，mol/m^3；

E_A——阴离子交换树脂的工作交换容量，mol/m^3；

C_J——混床进水离子浓度，由运行经验数据取 0.05～0.1mmol/L。

(7) 再生时用酸量［kg/(台·次)］

1) 100%酸

$$m_{a,p}=\frac{V_{RC}E_CR_C}{1000}$$

2) 工业酸

$$m_{a,i}=m_{a,p}\times\frac{1}{\varepsilon}$$

式中，ε 为工业盐酸浓度，%。

3) 再生酸液

$$m_{a,r}=m_{a,p}\times\frac{1}{c}$$

式中，c 为再生酸液浓度，%。

(8) 再生时稀释酸用水量（m^3）

$$V_a=\frac{m_{a,r}-m_{a,i}}{1000}$$

(9) 再生时进酸时间（min）

$$t_a=\frac{60m_{a,r}}{1000A_1v_a\rho}$$

式中 v_a——进酸流速，m/h；

ρ——5%HCl溶液的密度，g/cm^3。

(10) 再生时用碱量［kg/(台·次)］

1) 100%碱

$$m_{s,p}=\frac{V_{RA}E_AR_A}{1000}$$

2) 工业碱

$$m_{s,i}=m_{s,p}\times\frac{1}{\varepsilon}$$

式中，ε 为工业盐酸浓度，%。

3) 再生碱液

$$m_{s,r}=m_{s,p}\times\frac{1}{c}$$

式中，c 为再生碱液浓度，%。

4) 稀释用水体积（m^3）

$$V_s=\frac{m_{s,r}-m_{s,i}}{1000}$$

5) 进碱时间（min）

$$t_s=\frac{60m_{s,r}}{1000A_1v_s\rho}$$

式中 v_s——再生碱液流速，m/h；

ρ——4%NaOH 溶液的密度，g/cm^3。

(11) 再生时自用水量 [m^3/(台·次)]

1) 反洗用水

$$V_b = \frac{vA_1 t}{60}$$

式中 v——反洗流速，m/h；

t——反洗时间，min。

2) 置换用水

$$V_d = (V_{RC} + V_{RA}) a_d$$

式中，a_d 为置换时水的比耗，m^3/m^2。

3) 正洗用水

$$V_f = V_{RC} a_c + V_{RA} a_a$$

式中 a_c——阳离子交换树脂正洗水比耗，m^3/m^2；

a_a——阴离子交换树脂正洗水比耗，m^3/m^2。

4) 部分集中供应自用水

$$V_2 = V_a + V_s + V_b + V_d$$

根据自用水集中供应范围确定。

5) 总自用水

$$V_t = V_a + V_s + V_b + V_d + V_f$$

(12) 再生用压缩空气量 [m^3/(台·次)]

$$V_{a,i}^M = qA_1 t$$

式中 q——树脂混合用压缩空气（压缩空气压力为 0.1～0.15MPa）比耗，通常取 2～$3m^3/(m^2 \cdot min)$；

t——混合时间，通常取 0.5～1min。

(13) 每天耗工业酸量 (t)

$$m_a^M = 24 \times \frac{m_{a,i} n_n^M}{1000T}$$

(14) 每天耗工业碱量 (t)

$$m_s^M = 24 \times \frac{m_{s,i} n_n^M}{1000T}$$

(15) 年耗酸量 (t)

$$m_{a,a}^M = m_a^M \times \frac{7000}{24}$$

以年运行 7000h 计。

(16) 年耗碱量 (t)

$$m_{s,a}^M = m_s^M \times \frac{7000}{24}$$

以年运行 7000h 计。

(17) 每小时自用水量（m^3/h）

1）由前级提供自用水

$$V_1^M = \frac{V_f}{T} \times n_n^M$$

2）集中供应自用水

$$V_2^M = \frac{V_2}{T} \times n_n^M$$

3）总自用水

$$V_t^M = \frac{V_t}{T} \times n_n^M$$

5.4 凝结水精处理工艺的计算

5.4.1 凝结水精处理系统入水水质

参考 GB/T 12145—2016《火力发电机组及蒸汽动力设备水汽质量》，凝结水精处理系统入水水质见表 5-6。

表 5-6　凝结水精处理系统入水水质

水质项目	单位	正常运行
Fe^{2+}	μg/L	20
Cu^{2+}	μg/L	10
SiO_2	μg/L	20
NH_4^+	μg/L	3500
悬浮固体	μg/L	<0.1
油	μg/L	0
Cl^-	μg/L	20
Na^+	μg/L	8
O_2	μg/L	10.7
阳离子电导率	μS/cm	<0.2
最高温度	℃	60

正常运行阳离子总数：

$$c_j = \frac{\rho(Fe^{2+})}{56} + \frac{\rho(Cu^{2+})}{63.54} + \frac{\rho(NH_4^+)}{18.04} + \frac{\rho(Na^+)}{23}$$

$$= \frac{2 \times 20}{56} + \frac{2 \times 10}{63.54} + \frac{3500}{18.04} + \frac{8}{23}$$

$$=0.71+0.31+194.01+0.35$$
$$=0.195\text{mmol/L}$$

正常运行阴离子总数：

$$c_A=\frac{\rho(Cl^-)}{35.45}+\frac{\rho(SiO_2)}{60}+\frac{\rho(O_2)}{32}=0.00123\text{mmol/L}$$

5.4.2 循环冷却水

以表 2-3 的海水水源作为凝汽器的冷却水，其阳离子总含量取 448mmol/L。

5.4.3 系统处理水量

每台机组设一套全流量凝结水处理系统，以 1000MW 机组的锅炉为例，其额定蒸发量为 3040t/h；凝结水精处理设计阳离子树脂床（简称阳床）＋混床，共计 3 套，2 套正常运行使用，1 套备用。每套出力为：3040÷2＝1520t/h。

5.4.4 工艺计算

（1）前置阳床

1）基础数据（表 5-7）

表 5-7 阳床基础数据

项目	单位	值
阳床数量（n）	台	2 台运行，1 台备用
阳床出力（Q）	t/h	1520
运行流速（v）	m/h	110
阳离子含量（C_T）	mmol/L	0.195
运行周期（T_C）	h	55
阳离子交换树脂工作交换容量（E_C）	mol/m^3	1200

2）阳床工艺计算

① 阳床工作面积：

$$S=\frac{Q}{nv}=\frac{1520}{2\times110}=6.91\text{m}^2$$

② 阳床直径：

$$D=\sqrt{\frac{4S}{\pi}}=2.97\text{m}$$

取 $D_C=3.2$m。

③ 阳床实际工作面积：

$$S_C = \frac{\pi D_C^2}{4} = \frac{\pi \times 3.2^2}{4} = 8.04\text{m}^2$$

④ 阳床正常出力时的实际流速：

$$v_C = \frac{Q}{n_C S_C} = \frac{1520}{2 \times 8.04} = 94.53\text{m/h}$$

⑤ 阳床树脂装填量 V_{CR}：

$$V_{CR} = \frac{QC_T T_C}{nE_C} = \frac{1520 \times 0.195 \times 55}{2 \times 1200} = 6.79\text{m}^3$$

⑥ 树脂层高：

$$H_{CR} = \frac{V_{CR}}{S_C} = \frac{6.79}{8.04} = 0.84\text{m}$$

⑦ 阳床实际树脂装填量：

$$V_{CR} = S_C H_{CR} = 8.04 \times 0.84 = 6.75\text{m}^3$$

⑧ 阳床正常出力的运行周期：

$$T = \frac{n_C V_{CR} E_C}{QC_C} = \frac{2 \times 6.75 \times 1200}{1520 \times 0.195} = 54.66\text{h}$$

⑨ 淡水泄漏周期核算：

a. 淡水泄漏率为 0.076L/h 时（按 5/100000 出力计算）：

$$T = \frac{n_C V_{CR} E_C}{QC_C} = \frac{2 \times 6.79 \times 1200}{1520 \times 0.195 + 0.076 \times 448} = \frac{16296}{296.4 + 34.05} = 49.31\text{h}$$

b. 淡水泄漏率为 0.152L/h 时（按 1/10000 出力计算）：

$$T = \frac{n_C V_{CR} E_C}{QC_C} = \frac{2 \times 6.79 \times 1200}{1520 \times 0.195 + 0.152 \times 448} = \frac{16296}{296.4 + 68.096} = 44.71\text{h}$$

c. 淡水泄漏率为 1.52L/h 时（按 1/1000 出力计算）：

$$T = \frac{n_C V_{CR} E_C}{QC_C} = \frac{2 \times 6.79 \times 1200}{1520 \times 0.195 + 1.52 \times 448} = \frac{16296}{296.4 + 680.96} = 16.67\text{h}$$

（2）高速混床

1）基础数据

① 混床运行台数：$n_M = 2$ 台。

② 正常出力：$Q = 1520$t/h。

③ 混床运行流速：$v = 110$m/h。

④ 混床进水阴离子含量：0.00123mmol/L。

⑤ 混床阳离子交换树脂装填量/混床阴离子交换树脂装填量：1.5∶1。

2）混床工艺计算

① 混床工作面积：

$$S = \frac{Q}{n_M v} = \frac{1520}{2 \times 110} = 6.91\text{m}^2$$

② 混床直径：

$$D=\sqrt{\frac{4S}{\pi}}=2.97\text{m}$$

取 $D_C=3.2\text{m}$。

③ 混床实际工作面积：

$$S=\frac{\pi D_C^2}{4}=\frac{\pi\times 3.2^2}{4}=8.04\text{m}^2$$

④ 混床正常出力时的实际运行流速：

$$v_C=\frac{Q}{n_C S_C}=\frac{1520}{2\times 8.04}=94.53\text{m/h}$$

⑤ 混床树脂装填量。取阳离子交换树脂装填高度为 1.5m，阴离子交换树脂装填高度为 1m：

$$V_{MCR}=SH=8.04\times 1.5=12.06\text{m}^3$$

$$V_{MAR}=SH=8.04\times 1=8.04\text{m}^3$$

⑥ 以阴离子交换树脂为例，计算得到混床正常出力时的运行周期：

$$T=\frac{n_C V_{MAR} E_C}{QC_C}=\frac{2\times 8.04\times 280}{1520\times 0.00123}=2408.22\text{h}$$

5.5 离子交换工艺计算的实例

5.5.1 强碱性阴离子交换器的计算

(1) 阳床设计供水量

根据自用水集中供应范围确定，此处采用 V_1^M 计算。

① 正常出力下：

$$Q_n^A=Q_n+V_1^M(\text{或 }V_t^M)=144.11\text{m}^3/\text{h}$$

② 最大出力下：

$$Q_{max}^A=Q_{max}+V_1^M(\text{或 }V_t^M)=264.11\text{m}^3/\text{h}$$

(2) 总工作面积

式中，流速 v 取 20～30m/h，此处取 30m/h。

① 正常出力下：

$$A_n=\frac{Q_n^A}{v}=\frac{144.11}{30}=4.80\text{m}^2$$

② 最大出力下：

$$A_{max}=\frac{Q_{max}^A}{v}=\frac{264.77}{30}=8.83\text{m}^2$$

(3) 交换器截面积

选用直径 $d=2.5\text{m}$ 的定型阴床设备，其截面积为

$$A_1=\frac{\pi}{4}d^2=\frac{\pi}{4}\times 2.5^2=4.90\text{m}^2$$

(4) 选择阳离子交换器运行台数

① 正常出力下：

$$n_{n}^{A}=\frac{A_{n}}{A_{1}}=\frac{4.80}{4.90}\approx 1$$

② 最大出力下：

$$n_{max}^{A}=\frac{A_{max}}{A_{1}}=\frac{8.83}{4.90}=1.8\approx 2$$

n 为整数，且 $n_{max}^{A}\geqslant n_{n}^{A}+1$。

(5) 校验实际运行流速

① 正常出力下：

$$v_{n}=\frac{Q_{n}^{A}}{A_{1}n_{n}^{A}}=29.41\text{m/h}$$

② 最大出力下：

$$v_{max}=\frac{Q_{max}^{A}}{A_{1}n_{max}^{A}}=26.95\text{m/h}$$

(6) 进水中阴离子含量

① 强酸阴离子的含量：

$$\sum A_{s}=[\frac{1}{2}SO_4^{2-}]+[Cl^-]+[NO_3^-]+[\frac{1}{3}PO_4^{3-}]+\cdots+D_{N}=0.89\text{mmol/L}$$

式中　　D_N——由混凝剂带入的强酸阴离子的量，mmol/L；

$[\frac{1}{2}SO_4^{2-}]$，$[Cl^-]$ …——原水中相应离子浓度，mmol/L。

② 弱酸阴离子的含量：

$$\sum A_{w}=\frac{[CO_2]}{44}+\frac{[SiO_2]}{60}=0.42\text{mmol/L}$$

式中，$[SiO_2]$ 为进水中可溶性 SiO_2 的含量，应按阳床进水水质取值。

③ 总阴离子的含量：

$$\sum A=\sum A_{s}+\sum A_{w}=1.31\text{mmol/L}$$

(7) 一台阴床内树脂体积

$$V_{RA}=A_{1}h_{RA}=9.82\text{m}^3$$

式中，h_{RA} 为阴床树脂装载高度，m。

(8) 正常供水时周期制水时间

$$T=\frac{V_{RA}E_{A}}{\frac{Q_{n}^{A}}{n_{n}^{A}}\times\sum A}=57.2\text{h}$$

式中，E_A 为阴树脂工作交换容量，mol/m^3。如设计为单元制，则要保证阴床运行周期要比阳床的富裕 15%～20%。

(9) 正常供水时每昼夜每台再生次数

$$R=\frac{24}{T}=1$$

式中的 R 不得超过规定值。

(10) 每台再生用碱量

① 100%碱：

$$m_{s,p}=\frac{V_{RA}E_{A}g_{A}}{1000}=702.13\text{m}^3/(台·次)$$

式中，g_A 为阴树脂再生碱耗，通常取值不超过 60%～65%，g/mol。

② 工业碱：

$$m_{s,i}=m_{s,p}\times\frac{1}{\varepsilon}=2340.4\text{m}^3/(台·次)$$

式中，ε 为工业碱浓（纯）度，%。

③ 再生用碱液：

$$m_{s,r}=m_{s,p}\times\frac{1}{c}=23404\text{m}^3/(台·次)$$

式中，c 为再生碱液浓度，%。

(11) 每台再生时稀释碱用水量

$$V_s=(m_{s,r}-m_{s,i})\times\frac{1}{1000}=21.06\text{m}^3/(台·次)$$

(12) 每台再生时进碱时间

$$t_s=\frac{60m_{s,r}}{1000A_1v\rho}=55.5\text{min}$$

式中 v——再生碱液流速，m/h；

ρ——再生碱液密度，g/cm^3。

(13) 每台再生用水量

① 小反洗（反洗）用水：

$$V_b=\frac{vA_1t}{60}=12.28\text{m}^3/(台·次)$$

式中 v——反洗水流速，取值为 5～10m/h；

t——反洗时间，min。

② 置换用水：

$$V_d=\frac{vA_1t}{60}=12.28\text{m}^3/(台·次)$$

式中 v——置换水流速，取值为≤5m/h；

t——置换时间，min。

③ 小正洗用水：

$$V_{f1}=\frac{vA_1t}{60}=8.18\text{m}^3/(台·次)$$

式中　v——小正洗流速，取值为 7～10m/h；

t——小正洗时间，min。

④ 正洗用水：

$$V_f = V_{RA}a_A = 29.46\text{m}^3/(\text{台·次})$$

式中，a_A 为阴树脂正洗水比耗，取值为 $1 \sim 3\text{m}^3/\text{m}^2$。

⑤ 集中供应自用水：

$$V_2 = V_s + V_d + V_b = 45.62\text{m}^3/(\text{台·次})$$

此式根据自用水集中供应范围确定。

⑥ 总自用水：

$$V_t = V_s + V_b + V_d + V_{f1} + V_f = 83.26\text{m}^3/(\text{台·次})$$

(14) 每台再生压缩空气量

$$V_{a,i}^A = qA_1t_s = 44.19\text{m}^3/(\text{台·次})$$

式中，q 为逆流再生顶压用压缩空气量，通常取 $0.2 \sim 0.3\text{m}^3/(\text{m}^2 \cdot \text{min})$，压缩空气压力为 0.03～0.05MPa。

(15) 每天耗碱量

$$m_s^A = 24 \times \frac{m_{s,i}n_n^A}{1000T} = 0.98\text{t}$$

(16) 年耗碱量

$$m_{s,a}^A = m_s^A \times \frac{7000}{24} = 285.83\text{t}$$

以年运行 7000h 计。

(17) 每小时自用水量

① 由前级供应的自用水：

$$V_1^A = \frac{(V_f + V_{f1})}{T} \times n_n^A = 0.66\text{m}^3/\text{h}$$

② 由集中供应的自用水：

$$V_2^A = \frac{V_2}{T} \times n_n^A = 0.80\text{m}^3/\text{h}$$

③ 总自用水：

$$V_t^A = \frac{V_t}{T} \times n_n^A = 1.46\text{m}^3/\text{h}$$

5.5.2 大气式除 CO_2 器的计算

除 CO_2 器的设计方法有两种：一种是根据处理水量和水质逐项进行设备尺寸的设计计算；另一种是根据已定型生产的系列设备进行选择。一般情况可按第二种方法进行设计，某些情况需按第一种方法进行设计，其设计方法可参考有关书籍。

除 CO_2 器有大气式除 CO_2 器和真空式除 CO_2 器两种。除 CO_2 器中填料又有拉西环、多面空心球填料、鲍尔环等。

除CO_2器的设计，需要的原始资料一般包括进水量（m^3/h）、进水中CO_2含量（mg/L）、出水中允许CO_2含量（mg/L）及进水最低温度（℃）等。其设计主要包括以下几个部分。

（1）除CO_2器供水量

1）正常供水量计算式（m^3/h）

$$Q_n^D = Q_n^A + V_1^A (\text{或} V_t^A)$$

2）最大供水量计算式（m^3/h）

$$Q_{max}^D = Q_{max}^A + V_1^A (\text{或} V_t^A)$$

（2）除CO_2器台数选择

对单元制系统，每套系统设除CO_2器台数1台，则水处理系统中除CO_2器总台数为：正常供水时台数$n_n^D = n_n^A$，最大供水时台数$n_{max}^D = n_{max}^A$，则每台供水量为

$$Q \geqslant \frac{Q_n^D}{n_n^D}$$

且满足$Qn_{max}^D = Qn_{max}^A$，此时n_{max}^D为所确定的台数。

（3）校验除CO_2器喷淋密度

$$q = \frac{Q}{A_1} = \frac{4Q}{\pi d^2}$$

式中　q——喷淋密度，$m^3/(m^2 \cdot h)$；

A_1——选择的除CO_2器截面积，m^2；

d——选择的除CO_2器直径，m。

对于大气式除CO_2器，q应小于或等于$60m^3/(m^2 \cdot h)$；对于真空式除CO_2器，q应小于或等于$40 \sim 60m^3/(m^2 \cdot h)$。

（4）除CO_2器进出水中CO_2的计算

进水中的CO_2主要包括HCO_3^-、CO_3^{2-}及游离态的CO_2三部分，则CO_2浓度为

$$c_1 = 44c(HCO_3^-) + 22c\left(\frac{1}{2}CO_3^{2-}\right) + \rho(CO_2)$$

式中　$c(HCO_3^-)$，$c(CO_3^{2-})$——阳床进水中相应物质浓度，mmol/L；

$\rho(CO_2)$——阳床进水中CO_2浓度，mg/L。

其值可通过水质分析测定或由下式估算，即

$$\rho(CO_2) = 0.268\rho(HCO_3^-)^3 (mg/L)$$

出水中CO_2（c_2）一般为3～5mg/L。真空式除CO_2器除了能去除水中CO_2之外，还能去除水中溶解氧和其他气体，出水中氧含量一般可达到0.05mg/L以下。

（5）大气式除CO_2器填料层高度的确定

根据进水中CO_2含量及进水水温，对使用25mm×25mm×3mm拉西环的除CO_2器，可从表5-8中选择填料高度。

表 5-8 大气式除 CO_2 器的填料高度

进水温度/℃	进水中 CO_2 含量不同时的填料高度/m						
	67mg/L	114mg/L	165mg/L	222mg/L	287mg/L	360mg/L	443mg/L
15	2.5	3.15	4.0	4.0	4.0	4.0	4.0
20	2.0	2.5	3.15	3.15	3.15	4.0	4.0
25	2.0	2.5	2.5	3.15	3.15	3.15	3.15
30	1.6	2.0	2.5	2.5	2.5	3.15	3.15
35	1.6	2.0	2.0	2.5	2.5	2.5	2.5
40	1.6	1.6	2.0	2.0	2.0	2.5	2.5

也可按下列步骤计算填料高度，首先计算所需的解吸面积 A，即

$$A=\frac{Q(c_1-c_2)\times10^{-3}}{K\Delta c}(\mathrm{m}^2)$$

$$\Delta c=\frac{c_1-c_2}{2.44\times\lg\frac{c_1}{c_2}}\times10^{-3}$$

式中 Q——单台除 CO_2 器设计供水量，$\mathrm{m^3/h}$；

Δc——对数平均浓度差，$\mathrm{kg/m^3}$；

K——解吸系数，m/h。

其中 K 是与水温及喷淋密度等有关的系数。

填料填充高度 H 的计算式为

$$H=\frac{A}{A_1S}(\mathrm{m})$$

式中 S——填料比表面积，$\mathrm{m^2/m^3}$；

A_1——除 CO_2 器截面积，$\mathrm{m^2}$。

(6) 大气式除 CO_2 器的风机校核

根据上述计算结果，可以从定型的系列产品中选择除 CO_2 器的规格尺寸及配套风机的型号。对风机的风量和风压，还可以进行如下校核，即

风量 $$Q'=iQ(\mathrm{m^3/h})$$

风压 $$p=rH+(295\sim392)(\mathrm{Pa})$$

式中 i——气水比，对上述填料，i 值为 $20\sim30\mathrm{m^3/m^2}$；

r——单位填料高度的高空阻力，该值与填料种类、喷淋密度、气水比等有关，r 值一般为 200～500Pa/m。

5.5.3 强酸性阳离子交换器的计算

(1) 阳床设计供水量

① 正常出力下：

$$Q_n^C = Q_n^D = 144.77\text{m}^3/\text{h}$$

② 最大出力下：

$$Q_{max}^C = Q_{max}^D = 264.77\text{m}^3/\text{h}$$

(2) 总工作面积

① 正常出力下：

$$A_n = \frac{Q_n^C}{v} = \frac{144.77}{30} = 4.83\text{m}^2$$

流速 v 取 20～30m/h，此处取 30m/h。

② 最大出力下：

$$A_{max} = \frac{Q_{max}^C}{v} = \frac{264.77}{30} = 8.83\text{m}^2$$

(3) 交换器截面积

$$d = 1.13\sqrt{A_n} = 2.48\text{m}$$

选用直径 $d=2.5$m 的定型阴床设备，其截面积为

$$A_n = \frac{\pi}{4}d^2 = 4.90\text{m}^2$$

(4) 选择阳离子交换器运行台数

① 正常出力下：

$$n_n^C = \frac{A_n}{A_1} = \frac{4.83}{4.90} = 0.98 \approx 1$$

② 最大出力下：

$$n_{max}^C = \frac{A_{max}}{A_1} = \frac{8.83}{4.90} = 1.80 \approx 2$$

n 为整数，且 $n_{max}^C \geqslant n_n^C + 1$。

(5) 校验实际运行流速

① 正常出力下：

$$v_n = \frac{Q_n^C}{A_1 n_n^C} = 29.54\text{m/h}$$

② 最大出力下：

$$v_{max} = \frac{Q_{max}^C}{A_1 n_{max}^C} = 27.02\text{m/h}$$

(6) 进水中阳离子含量

$$\sum C = c\left(\frac{1}{2}\text{Ca}^{2+}\right) + c\left(\frac{1}{2}\text{Mg}^{2+}\right) + c(\text{K}^+) + c(\text{Na}^+) + \cdots = 1.81\text{mmol/L}$$

式中，阳离子总含量根据原水水质及预处理方式决定，主要指钙、镁、钾、钠等强碱阳离子，必要时还要考虑铁、铝、铵等弱碱阳离子。

(7) 一台阳床内树脂体积

$$V_{RC} = A_1 h_{RC} = 7.86\text{m}^3$$

式中，h_{RC} 为阳床树脂装载高度，m。

(8) 正常供水时周期制水时间

$$T=\frac{V_{RC}E_C}{\frac{Q_n^C}{n_n^C}\times\sum C}=52.5\text{h}$$

式中，E_C 为阳树脂工作交换容量，mol/m^3。如设计为单元制，则要保证阳床运行周期要比阴床的少 15%～20%。

(9) 正常供水时每昼夜每台再生次数

$$R=\frac{24}{T}=1$$

式中的 R 不得超过规定值。

(10) 每台再生用酸量

① 100%酸：

$$m_{a,p}=\frac{V_{RC}E_C g_C}{1000}=756.53\text{m}^3/(\text{台}\cdot\text{次})$$

式中，g_C 为阳离子交换树脂再生酸耗，通常取值 50～55g/mol。

② 工业酸：

$$m_{a,i}=m_{a,p}\times\frac{1}{\varepsilon}=2440.4\text{m}^3/(\text{台}\cdot\text{次})$$

式中，ε 为工业酸浓（纯）度，%。

③ 再生用酸液：

$$m_{a,r}=m_{a,p}\times\frac{1}{c}=25218\text{m}^3/(\text{台}\cdot\text{次})$$

式中，c 为再生酸液浓度，%。

④ 稀释用水：

$$V_a=(m_{a,r}-m_{a,i})\times\frac{1}{1000}=22.78\text{m}^3/(\text{台}\cdot\text{次})$$

⑤ 进酸时间：

$$t_a=\frac{60m_{a,r}}{1000A_1 v\rho}=61.0\text{min}$$

式中 v——再生酸液流速，m/h；

ρ——再生酸液密度，g/cm^3。

(11) 每台再生用水量

① 小反洗（反洗）用水：

$$V_b=\frac{vA_1t}{60}=12.28\text{m}^3/(\text{台}\cdot\text{次})$$

式中 v——反洗水流速，取值为 5～10m/h；

t——反洗时间，min。

② 置换用水：

$$V_d=\frac{vA_1t}{60}=12.28\text{m}^3/(\text{台}\cdot\text{次})$$

式中　v——置换水流速，取值为≤5m/h；

t——置换时间，min。

③ 小正洗用水：

$$V_{f1}=\frac{vA_1t}{60}=12.28\text{m}^3/(\text{台}\cdot\text{次})$$

式中　v——小正洗流速，取值为 10～15m/h；

t——小正洗时间，min。

④ 正洗用水：

$$V_f=V_{RC}a_A=23.58\text{m}^3/(\text{台}\cdot\text{次})$$

式中，a_A 为阴树脂正洗水比耗，取值为 1～3m³/m²。

⑤ 集中供应自用水：

$$V_2=V_a+V_d=35.06\text{m}^3/(\text{台}\cdot\text{次})$$

此式根据自用水集中供应范围确定。

⑥ 总自用水：

$$V_t=V_a+V_b+V_d+V_{f1}+V_f=83.2\text{m}^3/(\text{台}\cdot\text{次})$$

(12) 每台再生压缩空气量

$$V_{a,i}^C=qA_1t_a=44.19\text{m}^3/(\text{台}\cdot\text{次})$$

式中，q 为逆流再生顶压用压缩空气量，通常取 0.2～0.3m³/(m²·min)，压缩空气压力为 0.03～0.05MPa。

(13) 每天耗酸量

$$m_a^C=24\times\frac{m_{a,i}n_n^C}{1000T}=1.12\text{t}$$

(14) 年耗酸量

$$m_{a,a}^C=m_a^C\times\frac{7000}{24}=326.67\text{t}$$

以年运行 7000h 计。

(15) 每小时自用水量

① 由前级供应的自用水：

$$V_1^A=\frac{(V_b+V_{f1}+V_f)}{T}\times n_n^C=0.92\text{m}^3/\text{h}$$

② 由集中供应的自用水：

$$V_2^C=\frac{V_2}{T}\times n_n^C=0.67\text{m}^3/\text{h}$$

③ 总自用水：

$$V_t^C=\frac{V_t}{T}\times n_n^C=1.59\text{m}^3/\text{h}$$

第 6 章 全膜处理工艺的设计

6.1 电除盐处理工艺的计算

6.1.1 电除盐工艺的原理

电除盐（electro deion ization，EDI）又称为填充床电渗析，是一种将电渗析和离子交换相结合的新型膜分离技术。它以电渗析装置为基本结构，在阴膜和阳膜之间装填强酸型阳离子交换树脂和强碱型阴离子交换树脂，使阳膜和阴膜间形成混床，利用两端高压电极使水中带电离子移动，并配合离子交换树脂及离子交换膜加速离子移动去除，从而达到水净化的目的。该技术既利用了电渗析可以连续除盐和离子交换树脂可以深度除盐的优点，又克服了电渗析浓差极化的负面影响及离子交换树脂需要酸碱再生、不能连续工作的缺陷，其基本原理如图 6-1 所示。

由图可知，EDI 膜堆是由夹在两个电极之间一定对数的单元组成，在每个单元内有两类不同的室：待除盐的淡水室和收集所去除离子的浓水室。其中淡水室内填充有一定比例混合的阴、阳（一般为 2∶1）离子交换树脂层。EDI 技术的最大特点是利用水解离产生的 H^+ 和 OH^- 自动再生填充在电渗析器中的离子交换树脂，从而实现连续深度脱盐，与单纯的电渗析或离子交换相比，EDI 技术有着高度的先进性和实用性。

① 膜堆两端电极上的直流电使膜堆内部产生电位差，电解质离子通过离子交换膜进行选择性迁移，阳离子向阴极移动，阴离子向阳极移动，阴、阳离子最终进入浓水室；填充在膜堆中的阴阳树脂上的 OH^- 和 H^+ 对水中电解质离子的交换，使原水中的离子被吸附而达到脱盐的目的，离子的迁移和吸附是同时并连续发生的。

② 进入淡水室中的阴、阳离子先是与树脂结合，而后在直流电场作用下从树脂上不断解离，分别通过阴、阳膜向阳极和阴极移动，树脂同时得以再生，由于平衡作用，在水流方向上形成浓度梯度，可根据进水情况和出水要求调节电流（电压）大小，优化离子交

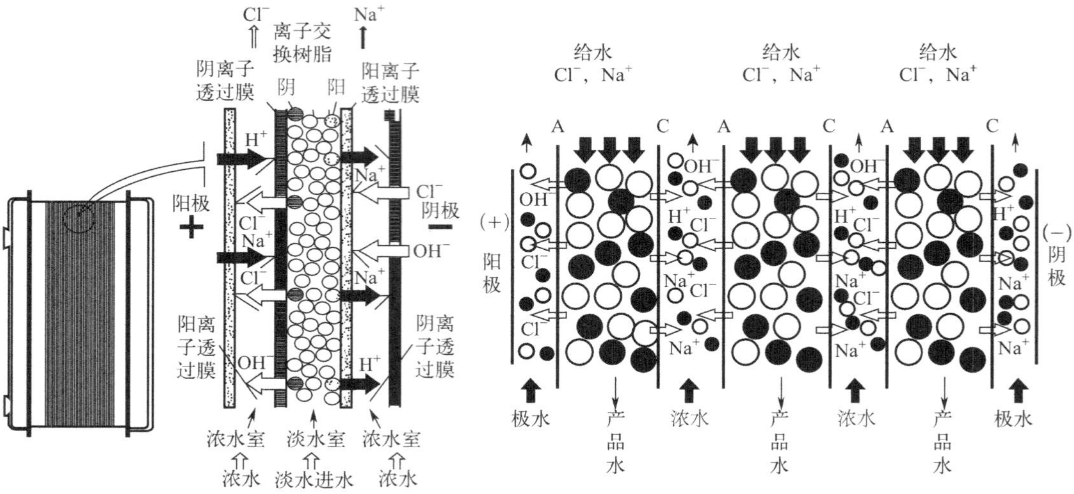

图 6-1　EDI 基本原理图

A—阳膜；C—阴膜

换和迁移速度，使流出的水为不含阴、阳离子的纯水。

③ 淡水室中水的电阻率升高到一定极限，加在室两端的直流电压和离子交换膜界面的极化过程使水分子电离生成 H^+ 和 OH^-，产生的 H^+ 和 OH^- 及交换剂本身的水解作用对交换树脂进行电化学再生，以保持淡水室内的树脂常处于再生状态，实现连续脱盐。

当进水中的 Na^+ 及 Cl^- 等杂质离子吸附到相应的离子交换树脂上时，这些杂质离子就会发生像普通混床内一样的离子交换反应，并相应地置换出 H^+ 及 OH^-。一旦离子交换树脂内的杂质离子也随 H^+ 及 OH^- 向交换膜方向迁移，这些离子将连续地穿过树脂直至透过交换膜而进入浓水室。由于相邻隔室间离子交换膜的阻挡作用而不能向对应电极的方向进一步地迁移，因而杂质离子得以集中到浓水室中，最后将含有杂质离子的浓水排出膜堆。通过这样的过程，进水中的离子穿过离子交换膜进入浓水室被去除而成为除盐水。EDI 设施的除盐率可高达 99%。如果在 EDI 之前使用反渗透设备对水进行初步除盐，再经 EDI 除盐可生产出电阻率高达 15MΩ·cm 的超纯水。同时 EDI 能够以单元组合的形式构成各种流量的净水设施，具有相当的灵活性和适应性。

离子交换树脂填充在淡水室中是填充床电渗析处理技术的关键。填充树脂的作用体现在两个方面，一是充当导电介质，作为转运离子的中间体，树脂的交换和解吸过程抑制和消除极化现象，使电渗析连续制水；二是利用混床固有的快速深度脱盐机理，在淡水室水流动交换过程中起到保证出水水质的作用。因为淡水室中离子迁移、膜渗透使水中离子变少，导电能力下降，电阻增大，如果想制取更纯的水，需要提高外加电流，当操作电流超过极限电流时，由于离子在膜中和溶液中的迁移速度不同，会发生浓差极化现象，从而影响出水品质和膜的性能。高纯水中树脂的导电性能比与之相接触的水要高 2～3 个数量级，所以 EDI 装置中几乎全部的从溶液到膜面的离子迁移都是通过树脂来完成的，同时淡水室中的树脂还起着湍流促进器的作用，改善了隔室内的水力学状态，促进了传质，也导致淡水室体系电阻率下降，进一步提高了极限电流密度和脱盐能力。

优化水的电离过程和电离部位对 EDI 设备运行性能关系重大，水的电离主要借助于界面的极化作用，它发生在溶质浓度比较低的耗离子组件两极的界面处，主要为树脂-树脂界面、树脂-膜界面，通常可以通过改变树脂的填充厚度、树脂及膜界面的化学组成来控制。

6.1.2 电除盐的计算

由于电除盐装置是将多个电除盐单元模块并联连接，电除盐装置的总进水量 Q_F^{EDI} 即二级反渗透产水量 $Q^{RO II}$，电除盐装置产水量 Q^{EDI} 即水处理系统最大出力 Q_{max}。

$$Q_F^{EDI}=Q^{RO II}=\frac{Q_{max}}{y^{EDI}}=\frac{Q^{EDI}}{y^{EDI}}$$

电除盐台数按下式确定：

$$n^{EDI}=\frac{Q_{max}}{Q}=\frac{Q^{EDI}}{Q}$$

式中 n^{EDI}——所需电除盐单元设备台数，取整数；

Q——电除盐单元设备的出力，m^3/h；

$Q^{RO II}$——二级反渗透产水量，m^3/h；

y^{EDI}——电除盐水回收率，一般为 85%～95%。

淡水中被去除的离子是通过浓水和极水被排放的。如果离子不被排放，它们会迅速在浓水室中累积并以结垢的形式在膜表面沉积。为了避免对膜的破坏，浓水和极水必须适量排放。

电除盐浓水量和极水量的计算如下。

浓水量：
$$Q_{浓}^{EDI}=\alpha_1 Q_F^{EDI}$$

极水量：
$$Q_{极}^{EDI}=\alpha_2 Q_F^{EDI}$$

式中 α_1——电除盐浓水量占总进水量的比例；

α_2——电除盐极水量占总进水量的比例。

一般排放浓水的水质比反渗透进水水质要好，因此可以将这部分水回到反渗透装置的进口，这样系统总的水回收率可以提高；由于极水中含有 O_2、Cl_2 等物质，因此极水排放时应该注意通风。

对加盐的浓水系统，加盐量按下式计算。

每小时加的 NaCl 量：

$$m_{sa,p}=(1-y^{EDI}-0.01)Q_{max}\frac{EC}{2135}(kg)$$

式中 y^{EDI}——电除盐的水回收率，一般约 90%；

0.01——极水排水量占总进水量的比率；

EC——浓水控制的电导率，一般为 50～600μS/cm；

2135——浓度为 1g/L 的 NaCl 溶液电导率值（25℃），μS/cm。

每小时投加 10%盐溶液体积：

$$V_{sa}=\frac{m_{sa,p}}{10\%}(L)$$

盐溶液箱体积（以每三天配一次药计）：

$$V_{sa}^{EDI}=\frac{V_{sa}\times 24\times 3}{1000}(m^3)$$

每年用盐量：

$$m_{sa,a}^{EDI}=\frac{7000m_{sa,p}}{1000}(t)$$

6.1.3 电除盐模块的分类

在电除盐模块的选择方面，要选用同一厂家统一规格的模块，以保证并联连接时水流阻力相同，达到水力均匀的目的。如果计算得到的 n^{EDI} 太多，可以选择单台出力大的电除盐模块。电除盐模块要分组连接，分组原则是要确保每组内并联连接的各单元模块前的压差小于 15%，分组数应等于或大于 2 组，有 1 组停运时其余各组产水量应能满足 Q_n 要求。

目前市场上有两种典型的膜组件型式——板框式和螺旋卷式。

① 板框式 EDI 模块中离子交换膜通常互相平行放置，与平行放置的电极一起形成“膜堆”。内部部件主要由阳电极板、阴电极板、极框、离子交换膜、淡水隔板、浓水隔板及端压板等部件按一定的顺序组装而成，设备的外形一般为方形或圆形。板框式 EDI 模块按其组装形式又可以分为两种，一种是按一定产水量进行生产的定型模块，如加拿大 E-Cell 公司生产的 MK 系列模块、美国 Electropure 公司生产的 XL 系列模块等；另一种是根据不同产水量对产品进行定型生产的模块，如美国 US Filter 公司生产的 CDI 模块。板框式结构的填充床电渗析组装、更换方便，但存在一定局限性：需要大量垫片，内外易漏流，难以保持树脂位置；所需压紧装置昂贵，电场中电流分布不均匀；所需膜表面积大，电阻高，对每个淡水室与浓水室需分别设置流体进出分配系统；需设置独立的电极漂洗装置。

② 螺旋卷式 EDI 模块简称卷式 EDI 模块，主要由电极、阳膜、阴膜、淡水隔板、浓水隔板、浓水配集管和淡水配集管等组成。设备组装方式与卷式反渗透相似，即按“浓水隔板—阴膜—淡水隔板—阳膜—浓水隔板—阴膜—淡水隔板—阳膜……”的顺序叠放后，以浓水配集管为中心卷制成型，其中浓水配集管兼作 EDI 的阴极，膜卷包覆的一层外壳作为阳极。卷式 EDI 膜堆较板框式膜堆有更多优点，如避免树脂的泄漏、膜堆电阻低、填充的树脂再生程度高等，更能发挥连续高效脱盐的优点，而且由于填充的树脂再生程度高，对弱电离物质的去除效率也高。

根据浓水处理方式，EDI 模块的运行方式可分为浓水循环式和浓水直排式。

① 浓水循环式系统流程大致为：浓水从模块的浓水室出来后，进入浓水循环泵入口，

大部分浓水经升压后送入浓水室内，继续参与浓水循环；小部分送入极水室作为电解液，电解后携带电极反应的产物和热量而排放。为了避免因浓水浓缩倍数过高而出现结垢现象，运行中将连续不断地排出一部分浓水。

浓水循环式 EDI 系统具有以下特点：a. 通过浓水循环提高浓水和极水的电导率，对减少膜堆电阻有利，达到提高 EDI 模块工作电流的目的；b. 为了去除硅等弱带电离子，浓水循环保证有足够的电流维持树脂在一个很高的再生状态；c. 一部分浓水参与再循环，增大了浓水流量，即提高了浓水室的水流速度，有利于降低膜面滞流层厚度，减轻浓差极化，减小了浓水系统结垢的可能性；d. 较高的电流使 EDI 模块中的树脂处于较多的 H 型和 OH 型状态，保证了 EDI 系统除去 SiO_2 等弱电解质的有效性；e. 可以取消加盐装置。

② 浓水直排式系统一般只用于在浓水室及极水室中填充离子交换树脂等导电性材料的 EDI 模块，如美国 Ionpure 公司生产的 IPLX 系列模块。

浓水直排式 EDI 系统具有以下特点：a. 在各个水室均有混合的阴阳树脂填充，由于树脂电导率比水溶液高几个数量级，所以在电压相同的情况下，工作电流更大，从而可以利用较少的电能获得良好的除盐效果，这样，各水室树脂导电性如果变差，将增大模块的内阻，当在给定电流模式运行时，运行电压会随模块内阻增大而增大，从而影响设备运行；b. 对进水水质的波动有一定适应性，当进水电导率不太低时，浓水室和极水室的电阻主要取决于导电性材料，而与水中含盐量的关系不大，所以当进水电导率波动幅度有限时，膜堆电阻基本不变，即工作电流变化小，脱盐过程稳定；c. 离子交换树脂可以迅速吸收迁移进浓水室的 SiO_2 和 CO_2 等弱电解质，并且可以降低膜表面的浓差极化，使得在浓水流速较低的情况下，改善浓水室结垢的问题；d. 可以省掉加盐装置、浓水循环泵等辅助设备，因而系统比较简单；但是如果进水电导率太低，填充床电渗析装置可能无法适应，此时可通过浓水循环或进水加盐的方法予以解决。

6.1.4　常见的 EDI 模块

① 加拿大 E-Cell 公司生产的 MK 系列模块。属浓水循环式 EDI 模块，主要技术参数见表 6-1。

表 6-1　E-Cell 公司 MK 系列模块主要技术参数

参数	MK-1E 型	MK-2E 型	MK-2MINI 型	MK-2Pharm 型[①]
产水量/(m^3/h)	1.36～2.84	1.7～3.41	0.57～1.14	1.59～4.09
回收率/%	90～95	80～95	80～95	80～95
工作温度/℃	5～38	5～38	5～38	4.4～38
进水压力/bar	3.1～6.9	3.1～6.9	3.1～6.9	3.1～6.9
最大运行电压/V	600	600	400	600

续表

参数	MK-1E 型	MK-2E 型	MK-2MINI 型	MK-2Pharm 型①
最大运行电流/A	4.5	4.5	4.5	4.5
外形尺寸（宽×深×高）/cm	30×45×61	30×49×61	30×27×61	30×48×61

① 医用及生物行业专用模块。

注：1bar=10^5Pa。

② 美国 Electropure 公司生产的 XL 系列模块。属浓水直排式 EDI 模块，无加盐系统，XL 系列模块性能见表 6-2，其中 XL-500 型模块主要技术参数见表 6-3。

表 6-2　美国 Electropure 公司 XL 系列模块主要技术参数

型号	流量范围/(L/h)	最大运行电压/V	最大运行电流/A	外形尺寸（宽×深×高）/cm
XL-100	50～150	100	6	15×21×56
XL-200	100～300	180	6	16×21×56
XL-300	300～900	240	6	23×21×56
XL-400	700～1500	300	6	28×21×56
XL-500	1300～2300	400	6	36×21×56

表 6-3　美国 Electropure 公司 XL-500 型模块主要技术参数

参数	数值	参数	数值
产水量/(m^3/h)	1.3～2.3	最大运行电压/V	400
回收率/%	80～95	进水压力/bar	1.5～4.0
工作温度/℃	5～35	外形尺寸（宽×深×高）/cm	30×21×56

③ 美国 OMEXELL 公司生产的卷式 EDI 模块。属浓水循环式 EDI 模块，其中卷式 EDI-210 型模块的主要技术参数见表 6-4。

表 6-4　卷式 EDI-210 型模块主要技术参数

参数	数值	参数	数值
产水量/(m^3/h)	1.5～2.2	运行压降/bar	1.5～2.5
回收率/%	80～95	最大运行电压（DC）/V	350
工作温度/℃	10～38	最大运行电流（DC）/A	6
进水压力/bar	2.5～7.0	外形尺寸（直径×长度）/cm	25×87.5

④ 美国 Ionpure 公司生产的 VNX-X3 型模块。该模块由3个 VNX 子模块内部连接而成，属浓水直排式 EDI 模块，其中 VNX 子模块出力为 $3.8m^3/h$，既可以单独使用，也可以2个组成1个使用。VNX 子模块这种独特的连接方式，减少了 EDI 系统的连接管道和占地面积。VNX-X3 型模块正常运行流量为 $11.4m^3/h$，最大流量为 $17.0m^3/h$，主要技术参数见表 6-5。

表 6-5　美国 Ionpure 公司 VNX-X3 型模块主要技术参数

参数	数值	参数	数值
产水量（最小/正常/最大）/m^3/h	5.7/11.4/17	电压（DC)/V	0～600
回收率/%	90～95	电流（DC)/A	0～19.5
工作温度/℃	5～45	外形尺寸（宽×高×长）/cm	50.8×50.8×198.1
进水压力/bar	1.4～7	设备质量/kg	276.7

6.2　反渗透 *m* 级 *n* 段工艺的计算

6.2.1　反渗透的概述

反渗透是以压差为推动力的膜分离过滤技术，源于20世纪50年代，20世纪60年代开始应用于宇航科技的研究，后逐渐转化为民用，目前已广泛应用于科研、医药、食品、饮料、海水淡化等领域。而在工业用超纯水（例如电子、电力超纯水，化工、电镀超纯水，锅炉补给水）及医药用超纯水的制备上常被用来作为 EDI 的前一级处理。相对于传统采用离子交换树脂作为前期预处理工艺的方法，反渗透具有更经济、更节能、运行更稳定、水质更可靠的优点，而且可以大大延长后级离子交换树脂的再生周期及 EDI 的清洗周期。

反渗透技术具有以下显著特点：①在常温不发生相变的条件下，可以对溶质和水进行分离，适用于热敏感物质的分离、浓缩，并且与有相变化的分离方法相比，能耗较低；②反渗透膜分离技术杂质去除范围广；③较高的脱盐率和水回用率，可截留粒径几个纳米以上的溶质；④利用低压作为膜分离动力，因此分离装置简单，操作、维护和自控简便，现场安全卫生。

反渗透膜进水影响因素如下。

① 进水水质要求：SDI＜5，浊度＜1NTU，温度5～45℃，pH 为3～11，余氯＜0.1mg/L。(预处理阶段 pH 需要控制，否则会影响絮凝和杀菌效果。)

② 有机物的影响：碱性条件下有助于减少有机物的影响，聚酰胺膜呈负电性，若带正电有机物通过时，即使低浓度也会造成水通量急剧下降。(膜实验曲线在 pH≈8 时效果较好，通常设计也在7～8，有时候为了防止有机物污染，pH 会考虑高一点，太高又容易结垢，具体应根据实际情况设计。)

③ 温度影响：温度过高或过低都会让膜产生热胀冷缩，温度过高时产水电导率偏高，温度过低时产水量下降（25℃以下时温度每下降1℃产水量下降3%）。温度对反渗透产水量有较大的影响，一般在20～25℃时产水量较好，超过45℃容易造成膜元件的损伤，有些流量计上设有温度显示，可根据情况考虑是否设置。

④ SDI（淤泥密度指数），是判断反渗透潜在胶体污染的指标。

⑤ 投加化学药剂也会影响预处理，有澄清过滤时，混凝剂、絮凝剂要合理控制；合理投加时，混凝剂、絮凝剂可通过澄清过滤的污泥去除，如投加过量，溶解状态的药剂会造成膜污染，阳离子混凝剂也会与阴离子阻垢剂反应生成沉淀造成膜污染。（阻垢剂一般都加在保安过滤器进口，能最大程度降低膜结垢趋势。）

⑥ 污染的主要形式：a. 无机物结垢，b. 有机物吸附，c. 颗粒物沉积（胶体污染），d. 微生物黏附生长。油和有机溶剂会附着在膜表面造成透水量降低，并在膜表面发生相分离而破坏机能层。

反渗透进水水质的要求及解决办法见表6-6。

表6-6 反渗透进水水质的要求及解决办法

导致膜污染指标		允许值	解决办法
悬浮物等	浊度	<1NTU	过滤，絮凝沉淀，微滤，超滤
	SDI_{15}		过滤，絮凝沉淀，微滤，超滤
	颗粒物	<100个/mL	过滤，絮凝沉淀，微滤，超滤
	微生物	<1个/mL	杀菌，微滤，超滤
金属氧化物	铁，Fe^{2+}	<50μg/L	氧化+沉淀或过滤
	锰	<50μg/L	使用分散剂
结垢物质	碳酸钙	LSI<0	回收率，pH值，阻垢剂
	硫酸钙	<230%	回收率，阻垢剂
	硫酸钡	<6000%	回收率，阻垢剂
	硫酸锶	<800%	回收率，阻垢剂
	氟化钙	浓水侧浓度<1.7mg/L	回收率
	磷酸钙	浓水侧浓度不能超过溶解度	回收率
	二氧化硅	<100%	回收率
有机物	油	0	气浮，吸附
	TOC	<10mg/L	活性炭，过滤，吸附树脂
	COD	<10mg/L	活性炭，过滤，吸附树脂
	BOD	<5mg/L	活性炭，过滤，吸附树脂
pH值		3～10	加入酸或碱调节
温度		5～45℃	换热器

续表

导致膜污染指标		允许值	解决办法
氧化剂	余氯	<0.1mg/L	还原剂，活性炭吸附
	臭氧	0	
	其他	0	

6.2.2 反渗透设备的组成

反渗透设备是围绕反渗透膜而组成的一套水处理系统，一套完整的反渗透系统分别由预处理部分、反渗透主机（膜过滤部分）、后处理部分和系统清洗部分共同组成。

预处理通常由石英砂过滤装置、活性炭过滤装置、精密过滤装置组成，主要目的是去除原水中含有的泥砂、铁锈、胶体物质、悬浮物、色素、异味、生化有机物，降低水的余氯值及农药污染等。如果原水中钙、镁离子含量较高，还需增加降低钙、镁离子装置或在水中加药抑制钙、镁离子结垢，主要目的在于保护后级的反渗透膜不受大颗粒物质的破坏，从而延长反渗透膜的使用寿命。

反渗透主机主要由增压泵、膜壳、反渗透膜、控制电路等组成，是整个水处理系统中的核心部分，产水水质的好坏也主要取决于该部分。只要膜的型号及增压泵的型号选取得当，反渗透主机对水中盐分的过滤能力都能达到97%以上，出水电导率可保证在50μS/cm（25℃）以内。

后处理部分主要是对反渗透主机制取的纯水做进一步的处理，如果后续工艺接离子交换或 EDI 设备，则可以制取工业用超纯水，如果是用在民用直饮水工艺上，则常常接后置杀菌装置，例如可以接紫外线杀菌灯或者臭氧发生器，从而使出来的水可以直接饮用。

为了保证反渗透系统的正常运行及延长反渗透膜元件的使用寿命，当反渗透系统运行一段时间后为去除碳酸钙垢、水中金属氧化物垢、生物（细菌、真菌、霉菌等）滋长等需要对系统进行清洗。

6.2.3 反渗透的级和段

反渗透装置本身根据原水的水质确定使用膜元件的类型，并根据对产水量和产水水质的要求，确定膜元件的数量、膜组件的排列方式和反渗透装置的回收率、脱盐率等参数。一般情况下，反渗透系统有分段式，包括一级一段式、一级多段式；有多级式，通常为二级多段式。

反渗透淡水（产品水）流经一次膜组件称为一级，产品水流经 m 次膜组件处理，称为 m 级，增加级数可以提高系统除盐率，一级反渗透的脱盐率可达98%～99%，因而多级反渗透可实现99.5%以上的脱盐率。反渗透纯水系统根据不同的原水水质采用不同的工艺，一般自来水经一级反渗透纯水系统处理后，产水电导率小于10μS/cm，经二级反渗透系统后产水电导率小于2μS/cm甚至更低，在反渗透纯水系统后辅以离子交换设备或 EDI

设备可以制备超纯水，使电阻率达到 18MΩ（电导率与电阻率互为倒数）。

在反渗透系统中，浓水流经一次膜组件就称为一段，流经 n 组膜组件即称为 n 段，增加段数可以提高系统的回收率，但产水水质较差。当系统要求的回收率高于 50%时，可以采用多段系统，段数的多少直接影响系统的回收率，段数越多，回收率越高。因此通常以脱盐为目的的反渗透系统采用 2 段或 3 段工艺居多，可以实现的最高回收率约为 75%；以浓缩为目的的反渗透系统，可以采用 3 段以上的排列方式，实现 85%以上的系统回收率。多段系统是指第一段的浓水作为第二段的进水，第二段的浓水作为第三段的进水，以此类推。每段的进水一部分变成产水，后一段的进水流量会减少，含盐量会升高，所以后段的膜元件数量要比上一段的膜元件数量少，以保证正常的进水流量。通常，两段系统可以把回收率做到 50%～75%，三段系统回收率做到 75%～90%。

（1）一级一段系统

如图 6-2（a）所示，料液通过膜组件一次即排出，由于单个组件料液流程不可能很长，因此料液的浓缩倍率低、回收率不高，这种流程工业上较少采用。另一种一级一段形式是单级循环式工艺［图 6-2（b）］，采用部分浓缩液循环的操作流程，将浓水一部分返回到料液槽，循环式流程浓缩倍数较高，但料液浓度必然也高，将导致膜通量的下降或渗透压的增高。

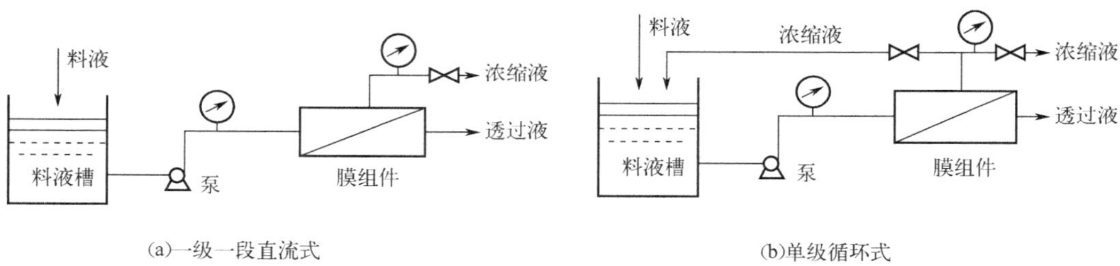

图 6-2　一级一段反渗透

（2）一级多段系统

一级多段系统实质是多个组件串联的操作方式，直至达到设定的回收率。采用这种流程，各段膜组件大小要根据膜的水通量和分离要求进行设计。当使用反渗透作为浓缩过程时，一次浓缩达不到要求，可采用多步浓缩方式，一级三段反渗透工艺如图 6-3 所示，浓缩液体积逐渐减少而浓度提高，产水量相应增大。也可以设置一级多段循环式流程，循环式工艺主要适用于以料液浓缩为目的的分离过程。

（3）多级串联处理系统

当原水中含盐量较高，同时对反渗透出水的水质要求又比较高时，可采用多级串联方式，即将第一级出水作为第二级进水，第二级的排水（浓水）水质远较第一级的进水水质好，可将其回收与第一级的进水混合。在多级串联系统中，需要设置中间贮水箱及高压泵。双级系统可以设置成双级带级间泵（two pass with interstage pumping）、双级无级间泵（two pass without interstage pumping）和双级浓缩式（two stage concentrator）系统。

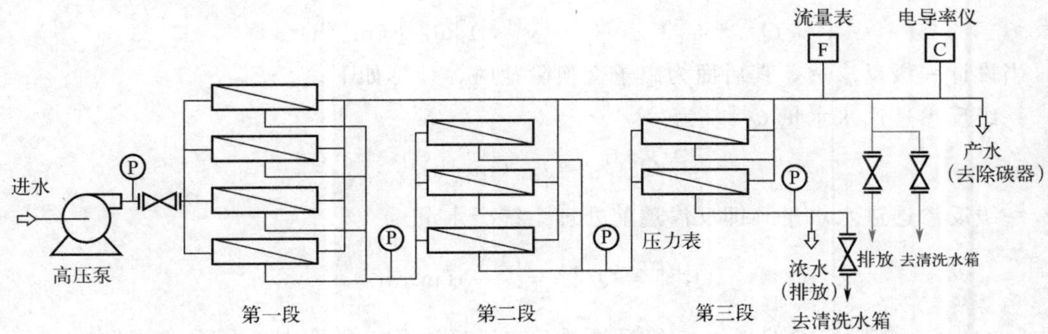

图 6-3 一级三段反渗透

(4) 多段组合处理系统

当原水中含盐量不太高时，为了获得较高的回收率，可以使第一段的浓水进入第二段，作为第二段进水，将两段的渗透出水混合作为产品水。必要时，可再增加一段，即将第二段浓水作为第三段的进水，第三段渗透出水与前两段出水汇合成产品水（即淡水）。

6.2.4 反渗透工艺的计算

反渗透系统通常采用一级法和二级法工艺流程制取淡化水。反渗透装置的设计，首先应根据原水水质（含盐量、酸碱度、温度、悬浮物、细菌等），确定预处理项目（如杀菌、调节 pH 值、混凝、过滤等），然后选择膜材（透水量、脱盐率、适用 pH 值范围、机械强度、耐热性能等），再根据产水量计算所需的膜面积；还需考虑反渗透装置的特性、反渗透系统的工艺流程、水质要求、操作压力大小及淡化水回收率等问题，以使制水成本最低；另外还应考虑钙盐等难溶盐沉积膜表面、堵塞膜孔，以及浓差极化等问题。

(1) 反渗透处理水量的计算

当设计二级反渗透且其后处理为电除盐或离子交换时，计算如下。

① 二级反渗透后为电除盐时，二级反渗透产水量 $Q^{RO\,II}$ 为：

$$Q^{RO\,II}=\frac{Q_{max}}{y^{EDI}}(m^3/h)$$

② 二级反渗透后为离子交换除盐时：

$$Q^{RO\,II}=Q_{max}(m^3/h)$$

二级反渗透进水水量 $Q_F^{RO\,II}$，即一级反渗透产水水量 $Q^{RO\,I}$ 为

$$Q_F^{RO\,II}=Q^{RO\,I}=\frac{Q^{RO\,II}}{y^{RO\,II}}(m^3/h)$$

二级反渗透浓水水质很好，可以回收进入一级反渗透给水中，其流量为

$$Q_{con}^{RO\,II}=Q_F^{RO\,II}-Q^{RO\,II}=Q^{RO\,I}-Q^{RO\,II}=Q^{RO\,I}(1-y^{RO\,II})(m^3/h)$$

此时一级反渗透进水流量 $Q_F^{RO\,I}$ 和反渗透前处理产水量 $Q^{RO,p}$ 为

$$Q_F^{RO\,I}=Q^{RO,p}+Q_{con}^{RO\,II}=Q^{RO,p}+Q^{RO\,I}(1-y^{RO\,II})$$

$$=Q^{RO,p}+Q_F^{RO\,I}\times y(1-y^{RO\,II})(m^3/h)$$

$$Q^{RO,p}=[1-y(1-y^{RO\,II})]Q_F^{RO\,I}(m^3/h)$$

当设计一级反渗透，其后面为离子交换除盐时，计算如下。

一级反渗透产水水量 $Q^{RO\,I}$ 为

$$Q^{RO\,I}=Q_{max}(m^3/h)$$

一级反渗透进水水量（即反渗透前处理系统产水量）：

$$Q_F^{RO\,I}=Q^{RO,p}=\frac{Q^{RO\,I}}{y}(m^3/h)$$

式中　$Q^{RO\,I}$、$Q^{RO\,II}$、Q^{EDI}——一级反渗透、二级反渗透、电除盐产水量，m^3/h；

$Q^{RO,p}$——反渗透前处理系统产水量，m^3/h；

$Q_F^{RO\,I}$、$Q_F^{RO\,II}$——一级反渗透和二级反渗透给水流量，m^3/h；

$Q_{con}^{RO\,II}$——二级反渗透浓水流量，m^3/h；

y、$y^{RO\,II}$、y^{EDI}——一级反渗透、二级反渗透和电除盐的水回收率，%。

（2）一级反渗透膜元件、膜组件及排列方式

所需膜元件数 n_{el} 按下式计算：

$$n_{el}=\frac{Q^{RO\,I}}{\alpha Q'_{el}}$$

式中：Q'_{el}——膜厂商提供的单支膜元件在该水质条件下产水量设计值，m^3/h；

α——考虑污堵等原因使膜透水量下降的系数，它与进水 SDI 有关，一般膜使用寿命为三年，α 值取 0.75～0.85。

压力容器长度工业上用得最多的是 6m 和 4m。压力容器（膜组件）个数 n_p 按下式计算，式中每个压力容器内装填的膜元件数 N 要根据选用的膜元件长度［目前用得较多的 8 英寸膜长度有 40in（1in=25.4mm）和 60in 两种，即 1016mm 和 1524mm］及水回收率来决定（表 6-7）。

$$n_p=\frac{n_{el}}{N}(\text{取整数})$$

表 6-7　压力容器（膜组件）内填装的膜元件数与水回收率间关系（适用于苦咸水）

压力容器长度/m		1	1.5	2	3	4		4.5	6	
内装长 40in 膜元件	膜元件数/支	1		2		3	4		5	6
	最大水回收率/%	16		29		38	44		49	53
内装长 60in 膜元件	膜元件数/支		1		2			3	4	
	最大水回收率/%		20		36			47	55	

根据表 6-7 数据，6m 长膜组件（内装 6 支长 40in 膜元件或 4 支长 60in 膜元件）水回收率约 50%，两个 6m 长膜组件串联连接时（即二段排列，水通过 12m 长膜元件），水回收率为

$$50\%+(1-50\%)\times50\%=75\%$$

三个 6m 长膜组件串联连接时（即三段排列，水通过 18m 长膜元件），水回收率为

$$50\%+(1-50\%)\times50\%+[1-50\%-(1-50\%)\times50\%]\times50\%=87.5\%$$

对 4m 长膜组件水回收率为 40%；两个 4m 长膜组件串联连接成两段，水回收率为 64%；三个 4m 长膜组件串联成三段，水回收率为 78.4%。

根据对水回收率的要求，一级反渗透可以分段，一般分为二段或三段，每段内压力容器（膜组件）数量可以按表 6-8 中的系数排列，再进行校核计算。每段的压力容器（膜组件）数为

第一段 $n_{p,1}=r_1 n_p$（取整数）；

第二段 $n_{p,2}=r_2 n_p$（取整数）；

第三段 $n_{p,3}=r_3 n_p$（取整数）。

实际使用的膜组件（压力容器）数为

$$n_p^{\mathrm{RO\,I}}=n_{p,1}+n_{p,2}+n_{p,3}$$

实际使用的膜元件数为

$$n_{el}^{\mathrm{RO\,I}}=Nn_p^{\mathrm{RO\,I}}$$

一级反渗透要分组运行，分组数≥2，并且考虑当其中一组停运时，其余各组的产水量要能达到 Q_n 的要求。

表 6-8 分段排列时每段压力容器数量的系数（适用于苦咸水）

水回收率		第一段压力容器数量系数（r_1）	第二段压力容器数量系数（r_2）	第三段压力容器数量系数（r_3）
6m 长压力容器	水回收率 50%	1	0	0
	水回收率 75%	0.667	0.333	0
	水回收率 87%	0.572	0.296	0.142
4m 长压力容器	水回收率 40%	1	0	0
	水回收率 64%	0.625	0.375	0
	水回收率 75%	0.5102	0.3061	0.1837

平均每个膜元件的产水量为

$$Q_{el}=\frac{Q^{\mathrm{RO\,I}}}{n_{el}^{\mathrm{RO\,I}}}(\mathrm{m^3/h})$$

一级反渗透第一段每支膜组件进水量为

$$Q_{in,el}=\frac{Q_F^{\mathrm{RO\,I}}}{n_{p,1}}=\frac{Q^{\mathrm{RO\,I}}}{yn_{p,1}}$$

（3）二级反渗透膜元件、膜组件及排列方式

第二级反渗透只安排一段，水回收率在 85%～90%之间。这样高的水回收率，当采用 1m×6 膜组件时，单支膜元件的水回收率平均值也高达 30%（表 6-9）。

表 6-9 1m×6 膜组件水回收率与单支膜元件平均水回收率

膜组件（1m×6）水回收率/%	53.6	62.2	73.8	78	81.3	88.2
膜组件中单支膜元件平均水回收率/%	12	15	20	22.5	25	30

所需膜元件数：

$$n_{el}=\frac{Q^{RO\,II}}{\alpha Q'_{el}}$$

式中 α——考虑三年运行透水量下降的系数，一般取 0.85～0.9；

Q'_{el}——膜厂商提供的由一级 RO 出水作为给水的单支膜产水量设计值，m^3/h。

所需膜组件（压力容器）数 $n_p^{RO\,II}$：

$$n_p^{RO\,II}=\frac{n_{el}}{N}(\text{取整数})$$

式中，N 为每个压力容器内填装的膜元件数，对采用 1m×6 的膜组件，该值为 6。

二级反渗透可以分组运行，也可以不分组，分组时分组数要大于等于 2。

实际使用的膜元件数 $n_{el}^{RO\,II}$：

$$n_{el}^{RO\,II}=Nn_p^{RO\,II}$$

每支膜元件平均产水量 Q_{el}：

$$Q_{el}=\frac{Q^{RO\,II}}{n_{el}^{RO\,II}}(m^3/h)$$

二级反渗透进水水量：

$$Q_F^{RO\,II}=\frac{Q^{RO\,II}}{y^{RO\,II}}(m^3/h)$$

按水流方向，第一支膜进水量：

$$Q_{in,el}=\frac{Q_F^{RO\,II}}{n_p^{RO\,II}}(m^3/h)$$

一级系统应采用较高透水压力的膜品种，以小幅增长的系统能耗为代价，换取大幅降低的段通量比值；二级系统应采用较低透水压力的膜品种，以小幅增长的段通量比为代价，换取大幅降低的系统能耗。

6.2.5 反渗透装置的主要性能参数

（1）给水、浓缩水和透过水的流量

$$Q_f=Q_b+Q_p$$

式中 Q_f——给水（进水）的流量，m^3/h；

Q_b——浓缩水的流量，m^3/h；

Q_p——透过水（产品水）的流量，m^3/h。

（2）回收率或浓缩倍数

回收率或浓缩倍数简易计算方法如下：

$$y=\frac{Q_p}{Q_f}\times 100\%=\frac{Q_p}{Q_p+Q_b}\times 100\%$$

式中 y——透过水（产品水）的流量与给水（进料水）的流量之比（即回收率）；

Q_p——透过水（产品水）的流量，m^3/h；

Q_f——给水（进料水）的流量，m^3/h。

$$K=\frac{100-SP\times y}{100-y}$$

式中 K——浓缩倍数；

SP——盐透过率，%。

当SP较小时，上式可简化为：

$$K=\frac{100}{100-y}$$

或近似为：

$$K=\frac{c_b}{c_f}$$

式中 c_b——浓缩水的含盐量，mg/L；

c_f——给水（进料水）的含盐量，mg/L。

产水量随温度变化通常按下式计算：

$$Q=Q_0\times 1.037^{T-25}$$

式中 T——温度，℃，即温度每变化1℃使产水量变化3%左右；

Q_0——最低产水量，m^3/h。

用压力校正系数计算流量公式为：

$$Q_p=Q_{30}(1+\beta\Delta p)$$

$$\Delta p=(p-3.0)(\text{MPa})$$

式中 Q_p——压力为 p 时的产水流量，m^3/h；

Q_{30}——标准压力（3.0MPa）时的产水流量，m^3/h；

β——压力校正系数，由实验测得。

（3）盐透过率

$$SP=\frac{c_p}{c_f}\times 100\%$$

式中 SP——盐透过率，即透过水（产品水）的含盐量与给水（进料水）的含盐量之比；

c_p——透过水（产品水）的含盐量，mg/L；

c_f——给水（进料水）的含盐量，mg/L。

（4）脱盐率或截留率

$$R=\left(1-\frac{c_p}{c_f}\right)\times 100\%$$

式中 R——脱盐率，或称截留率；

c_p——透过水（产品水）的含盐量，mg/L；

c_f——给水（进料水）的含盐量，mg/L。

脱盐率随温度变化不大，随着压力增加，半透膜受压缩而脱盐率上升，当压力上升至一定值时，脱盐率保持不变；脱盐率随着进水浓度的增加及回收率的增加而下降。

6.2.6 反渗透膜元件

(1) 反渗透膜类型

依据影响膜性能的因素，目前较常用的膜类型可分为以下几类。

1) 醋酸纤维膜（CA 膜）

CA 膜又可以分为平膜、管式膜和中空纤维膜。CA 膜具有反渗透膜所需的三个基本性质：高透水性、对大多数水溶性组分的渗透性相当低、具有良好的成膜性能。

2) 聚酰胺膜（PA 膜）

聚酰胺膜又可以分为脂肪族聚酰胺膜、芳香族聚酰胺膜（成膜材料为芳香族聚酰胺、芳香族聚酰胺-酰肼及一些含氮芳香族聚合物）。

3) 复合膜

复合膜是近年来开发的一种新型反渗透膜，是由很薄且致密的复合层与高空隙率的基膜复合而成的。它的膜通量在相同的条件下比非对称膜高 50%～100%。目前复合膜有：交联芳香族聚酰胺复合膜（PA）；丙烯-烷基聚酰胺和缩合尿素复合膜；聚哌嗪酰胺复合膜；氧化锆-聚丙烯酸复合膜。

(2) 反渗透装置型式

1) 板框式反渗透装置

板框式反渗透装置是由 Aerojet-General 公司发展起来的。膜支撑体在一种圆形平板上，这块平板称为多孔板，常见的有不锈钢多孔板和聚氯乙烯多孔板，产水通过多孔板汇集起来。这种装置存在以下缺点：①安装和维护费用高；②进料分布不均匀；③流槽窄；④多级膜装卸复杂；⑤单位体积中膜的比表面积低，产水量少。尽管有这些缺点，但由于它的结构简单可靠，体积比管式装置小，在小规模的生产场所还是有一定优势的。

2) 管式反渗透装置

管式反渗透装置能够处理含悬浮颗粒和溶解性物质的液体，像沉淀一样在管式装置中把料液浓缩，运行期间系统处处都可以保持良好的排水作用，适当调节水力条件，常常可以预防溶液因浓缩污染或堵塞膜。其主要优点有：①能够处理含悬浮固体的溶液；②合适的流动状态就可以防止浓差极化和膜污染等，并容易调整。主要缺点有：①设备端部用膜较多，装置制造和安装费用较昂贵；②单位体积中膜的比表面积小；③必须把管子外部包起来；④要使用支撑材料。

3) 螺旋式反渗透装置

美国通用原子公司（Gulf General Atomic Co.）发展了这种装置。这种装置螺旋式结构的中间为多孔支撑材料，两边是膜的“双层结构”，末端是冲孔的塑料管。双层膜的边缘与多孔支撑材料密封形成一个膜袋（收集产水），在膜袋之间再铺上一层隔网，然后沿中心管卷绕这种多层材料（膜/多孔支撑材料/膜/料液隔网），就形成了一个螺旋式反渗透组件。将卷好的螺旋式组件放入压力容器中，就成为完整的螺旋式反渗透装置。使用这种螺旋式反渗透装置时应注意：①中心管主要褶皱处的泄漏；②膜及支撑材料在黏结线上产生皱纹；③胶线太厚可能会产生张力或压力不均匀；④支撑材料的移动会使膜的支撑不合理，导致平衡线移动；⑤膜上有小孔洞，这是膜的质量不合格所致。螺旋式组件的主要优点是：①单位体积中膜的表面积比率大；②压力导管的设计简单，安装和更换容易，结构上可以紧密地放在一起。主要缺点有：①料液含悬浮固体时不适宜；②料液流动路线短；③压力消耗高；④再循环浓缩困难。

4）中空纤维式反渗透装置

美国杜邦公司和 Dows 化学公司提出用纯中空纤维素作为反渗透膜，制造出中空纤维式反渗透装置。这种装置类似于一端封死的热交换器，其中含有外径 50μm、内径 25μm 的中空纤维；装入一种圆柱形耐压容器中，或是将中空纤维弯成 U 形装入耐压容器中。这种中空纤维极细，通常可以装填几百万根。高压溶液从容器的一端打进去，经过中空纤维膜的外壁，从中空纤维管束的另一端把渗透液收集起来，浓缩后的料液从另一端连续排出。中空纤维式反渗透装置的主要优点如下：①单位体积中膜的表面积比率高，一般可达到 16000～30000m^2/m^3，因此组件可以小型化；②膜不需支撑材料，中空纤维膜本身可以受压而不破裂。主要缺点有：①膜表面去污困难，料液需经严格预处理；②中空纤维膜一旦损坏是无法更换的。

目前应用最多的是卷式膜组件。表 6-10 是上述反渗透膜组件的优缺点比较及使用状况。

表 6-10　几种常用的反渗透膜组件优缺点比较及使用状况

类型	优点	缺点	使用状况
框板式	结构紧凑、简单、牢固、能承受高压，使用强度较高，工艺简便	装置成本高，流动状态不好，浓差极化严重；易堵塞，不易清洗	适用于小容量规模；已商业化
管式	容易清洗和更换；原水流动状态好，压力损失小，耐较高压力；能处理含有悬浮物、黏度高或者能析出固体等易堵塞流水通道的溶液体系	装置成本高，管口密封较难；膜的堆积密度小	适用于小容量规模；已商业化
螺旋式	膜的堆积密度大，结构紧凑；可使用强度大的平板膜；价格低廉	制作工艺和技术较复杂，密封较困难；易堵塞，不易清洗，不宜在高压下操作	适用于大容量规模；已商业化
中空纤维式	膜的堆积密度大，不需外加支撑材料；浓差极化可忽略；价格低廉	制作工艺和技术较复杂，易堵塞，不易清洗	适用于大容量规模；已商业化

几种典型膜元件的性能参数见表 6-11。

表 6-11 几种膜元件（组件）的性能参数

名称	规格/in	膜表面积	脱盐率/%	产水量/[gal/(m³/d)]	测试条件	运行条件	生产厂家
普通复合膜	$\phi8\times40$ BW30-400	400ft² (37m²)	99.5	10500 (40)	2000mg/L NaCl，6MPa，25℃，pH = 8，回收率 15%	最大压力 4.1MPa，最高温度 45℃，最大浊度 1UTU，pH=2～10，最大给水流量 85gal/min	美国陶氏
	$\phi8\times40$ CPA3	400ft² (37m²)	99.5	10500 (40)	1500mg/L NaCl，6MPa，pH = 6.5 ～ 7.0，其他条件同 BW30-400 膜	最大 SDI 4.0，pH=3.0～10.0，最大给水流量 75gal/min，其他条件同 BW30-400 膜	海德能
超低压复合膜	$\phi8\times40$ BW30LE-400	400ft² (37m²)	99.0	10500 (40)	2000mg/L NaCl，6MPa，pH=8，其他条件同 BW30-400 膜	最大 SDI 5.0，pH=2～10.0，最大给水流量 85gal/min，其他条件同 BW30-400 膜	美国陶氏
	$\phi8\times40$ ESPA1	400ft² (37m²)	98.0	10500 (40)	1500mg/L NaCl，6MPa，pH = 6.5 ～ 7.0，其他条件同 BW30-400 膜	最大 SDI 4.0，pH=3.0～10.0，最大给水流量 75gal/min，其他条件同 BW30-400 膜	海德能
CA 膜	$\phi8\times40$ 8040-MSY-CAB2	400ft² (37m²)	98.0	10500 (40)	2000mg/L NaCl，6MPa，25℃，pH = 5.0～6.0，回收率 10%	最大压力 4.1MPa，最高温度 40℃，最大 SDI4.0，最大浊度 1UTU，pH=4.0～6.0，最大残余氯 1.0mg/L	海德能
	$\phi8\times40$ 8040-MSY-CAB2	400ft² (37m²)	98.0	10500 (40)	回收率 16%，其他条件同 8040 膜	最大压力 4.1MPa，最高温度 40℃，最大 SDI4.0，最大浊度 1UTU，pH=4.0～6.0，最大残余氯 1.0mg/L	海德能
中空 PA 膜	$\phi8\times40$ BW-90840		92.0	10500 (40)	1500mg/L NaCl，2.76MPa，25℃，pH=6.5 ～ 7.0，回收率 75%	压力 2.42～2.76MPa，温度 0～40℃，Cl_2<0.1mg/L，pH=4.0～11.0	美国杜邦

注：1in=2.54×10^{-2}m，1ft²=9.2903×10^{-2}m²，1gal/min=3.785×10^{-3}m³/min。

陶氏反渗透膜被广泛应用于电力、石油化工、钢铁、电子、医药、食品饮料、市政及环保等领域，在海水及苦咸水淡化，锅炉给水、工业纯水及电子级超纯水制备，饮用纯净水生产，废水处理及特种分离过程中发挥着重要作用。反渗透膜元件具体参数见表 6-12。

表 6-12　美国陶氏化学公司反渗透膜元件

型号	BW30-2540	BW30-2521	BW30-4040	BW30-365	BW30-400
膜类型/结构	螺旋卷式/复式				
膜尺寸/in	$\phi 2.5\times L40$	$\phi 2.5\times L21$	$\phi 4\times L40$	$\phi 8\times L40$	$\phi 8\times L40$
允许 pH 范围	2～11				
最大运行压力/psi	600				
推荐运行温度/℃	10～40				
耐氯性/(mg/L)	≤0.1				
给水允许浊度/NTU	≤1.0				
给水允许 SDI	≤5				
测试条件	2000mg/L NaCl，225psi，pH=8				
最大给水流量/(m^3/h)	1.3	1.3	3.6	16	16
单个膜元件水回收率/%	15				
膜元件标准脱盐率/%	98	98	98	99	99
膜元件渗透水量/(m^3/h)	2.3	0.95	6.8	34	40
膜元件产水率	5∶1				
膜清洗 pH 范围	1～12				

注：1psi=0.06805atm=6895Pa。

陶氏反渗透膜 BW30-440i 适用于高纯水工业应用，不需要增加运行通量就可以减少设备投资。在相同的运行条件和高脱盐率下，产水量比陶氏反渗透膜 BW30-400 元件高 10%，能降低新系统设备的投资，或增加现有系统产水量。

陶氏膜元件有不同的型号，每种型号针对不同的应用和使用的条件。

XLE：极低能耗（压）反渗透元件，主要用于商用或大型市政水处理。

LP：超低压反渗透元件，为新一代高脱盐率商用超低压反渗透膜元件。

TW30：胶带缠绕标准低压反渗透膜元件，主要用于进水为自来水的高脱盐率商用反渗透系统。

BW30：玻璃钢缠绕标准低压苦咸水反渗透膜元件，主要用于多支串联高脱盐率反渗透系统。

陶氏膜 BW30-440i 是利用半透膜（RO 膜）以水压使水由较高浓度的一方渗透到较低浓度的一方，利用孔径仅为 1/10000μm 的膜（相当于大肠埃希菌大小的 1/60000，病毒的 1/3000），将污染物、重金属、细菌、病毒等大量混入水中的杂质全部清除，电导率在 10μS/cm（25℃）以下，溶解性总固体含量小于 3mg/L。

6.3 海水淡化系统设计的计算

首先，反渗透海水淡化技术具有高效节能的特性。相较于传统的海水淡化方法，如蒸馏法，反渗透法无需加热，因此能耗更低。通过物理截留的方式，该技术能够有效去除海水中的盐分和其他杂质，将海水转化为淡水，其淡化效率较高，成本也相对较低。其次，反渗透海水淡化技术的适用范围广泛。无论是大型海水淡化工程，还是中小型原水（非海水的井水、湖泊水等苦咸水）的淡化，反渗透法都能胜任。由于反渗透设备体积较小，且膜设备选择较多，使得该技术在不同环境下都能得到应用。再次，反渗透海水淡化技术的操作和维护相对简单。其核心设备是反渗透膜设备，设计简单，能自动化控制，因此操作较为简便。同时，系统维护也非常容易，这大大降低了运行成本，提高了系统的稳定性。此外，反渗透海水淡化技术还具有良好的环保性能。在淡化过程中产生的废渣和废水都可以得到有效处理，不会对环境造成二次污染。这符合当前环保理念，有助于推动可持续发展。

因反渗透海水淡化技术具有以上优点，本节将介绍反渗透海水淡化设计的计算。

6.3.1 反渗透设计必备的资料

反渗透设计必须准备以下资料。

① 水质资料包括原水水质及反渗透要求的给水水质，依此确定要采用的预处理和前处理方式，以及经预处理和前处理后的水质改变情况。

② 膜种类。根据工程条件（如水质、处理水量、经济费用等）及使用经验，确定所用反渗透的膜种类和生产厂家，比如是使用CA膜还是复合膜，是使用8英寸膜还是4英寸膜，膜长度是40in还是更长，是用常规低压膜（1.2～1.6MPa）还是用超低压膜（0.8～1.2MPa），以及是否采用低污染膜等。

③ 被选用的膜技术参数包括膜面积、脱盐率、水通量、温度校正系数、最大给水流量、最小浓水流量、不同水质下单个膜元件的水回收率等，这些设计参数可以从所选用膜的说明书中查找。

④ 膜处理系统的水回收率要根据当地水资源等条件确定。

⑤ 膜元件测试条件及测试结果，比如测试压力、温度、测试用氯化钠浓度等，以及测得的脱盐率、水通量等。

以1000t/d海水淡化系统设计计算为例，海水水质指标参照表2-3。工艺流程如图6-4所示。

由工艺流程可得反渗透海水淡化的计算基本在前面章节有所介绍，参照对应章节的计算方法可进行设计计算。能量回收装置是反渗透海水淡化系统中的重要装置之一，下面将简单介绍能量回收装置的相关内容。

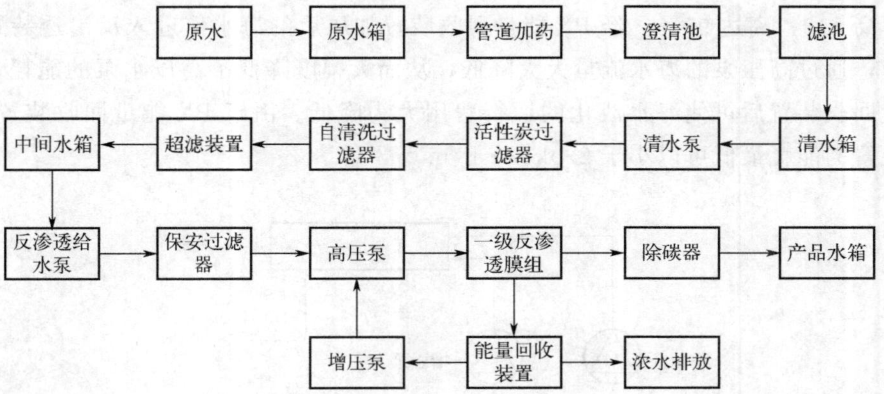

图 6-4 海水淡化工艺流程

6.3.2 能量回收装置

能量回收装置可以有效地回收浓水中存在的压力，用于给水的加压，进而降低系统的能耗，节约成本。没有能量回收装置的反渗透海水淡化的能量消耗为 8～10kW·h/m^3，采用能量回收装置能耗可以降到 3～4.5kW·h/m^3。采用适当型号的能量回收装置，可以降低系统的成本和节能。

目前国际上现有的反渗透能量回收装置主要分为两大类：一类是离心式能量回收装置，由于在压力能回收过程中需经过两次能量转换，能量回收效率一般不超过 80%，能量回收效率低；另一类是正位移式能量回收装置，可实现压力能的直接传递，能量回收效率可达 95%以上，能量回收效率高。

离心式能量回收装置（图 6-5）由安装透平转子的透平侧和安装叶轮的高压水泵侧组成，通过一根中心轴将叶轮和透平转子连接。反渗透装置排出的高压浓水直接冲击涡轮，驱动透平转子把压力能转换为机械能，通过中心轴把机械能传递给高压水泵侧的叶轮，叶轮再把机械能转换为对进入反渗透系统的海水实施增压的压力能。因此，离心式能量回收装置完全由浓水提供能量，不需要额外增加电能。

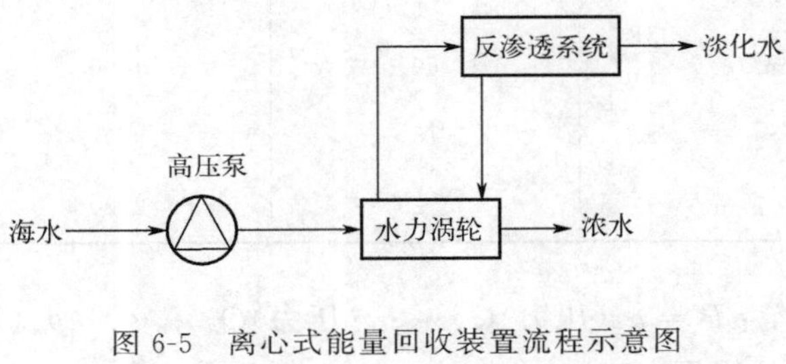

图 6-5 离心式能量回收装置流程示意图

压力交换式（PX）能量回收装置（图 6-6）采用正位移原理，低压海水和来自反渗透膜的高压浓盐水分别从两个不同端进入 PX 设备。压力能在设备内进行交换后，低压海水转变成高压海水流出，而高压浓盐水转变成低压浓盐水流出。其能量转换效率比涡轮机的转换效率高 1/3，高达 95%。经 PX 能量回收装置加压后的海水使进入反渗透装置的海水得到分流，通过高压泵的海水流量大大降低，从而大幅度降低了高压水泵的能耗，因此安装此能量回收装置后可使海水淡化的运行费用大为降低。由于 PX 能量回收装置的使用，反渗透装置的能耗最低可以小于 2.0kW·h/m^3。

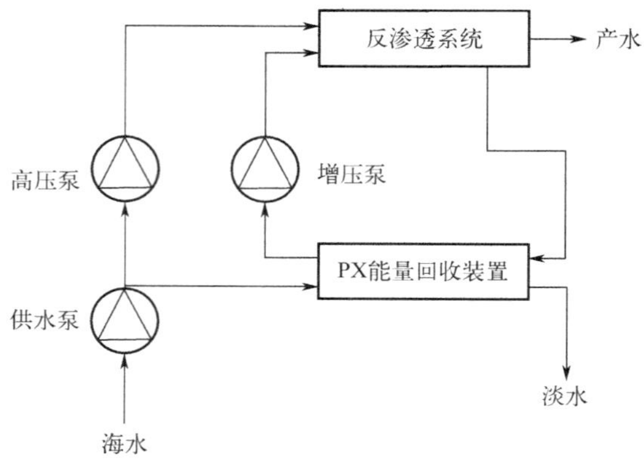

图 6-6　PX 能量回收装置流程示意图

以产量 1000m^3/d、正位移式能量回收装置 98% 的转换效率、离心式能量回收装置 60%（2500m^3/d 流量下）的转换效率计算，在不考虑其他因素的情况下，分别在没有能量回收装置及采用正位移式能量回收装置和离心式能量回收装置进行能量回收三种情况下的能耗对比如表 6-13 所示。

表 6-13　三种方式的能耗比较

项目	无回收	正位移式	离心式
RO 系统规模/(m^3/d)	1000	1000	1000
RO 进水压力/MPa	5.97	5.97	5.97
RO 回收率/%	40	40	40
高压泵入口压力/MPa	0.20	0.20	0.20
高压泵进水流量/(m^3/d)	2500	1000	2500
高压泵效率/%	75	75	75
系统电力负荷/(kW·h/m^3)	5.20	2.20	2.95

$$浓水的能量：P = p_1(压力)Q_1 + p_2(压力)Q_2 + \cdots + p_n(压力)Q_n$$

式中　P——浓水的能量，W；

p_1、p_2、p_n——一级、二级、n 级反渗透浓水压力，MPa；

Q_1、Q_2、Q_n——一级、二级、n 级反渗透浓水流量，m^3/h。

回收的能量：

$$\omega = \eta P$$

式中　η——能量回收装置回收率，%。

6.4　反渗透 WAVE 软件的校核与验证

RO 系统流程如图 6-7 所示，系统详情及概况见表 6-14、表 6-15。

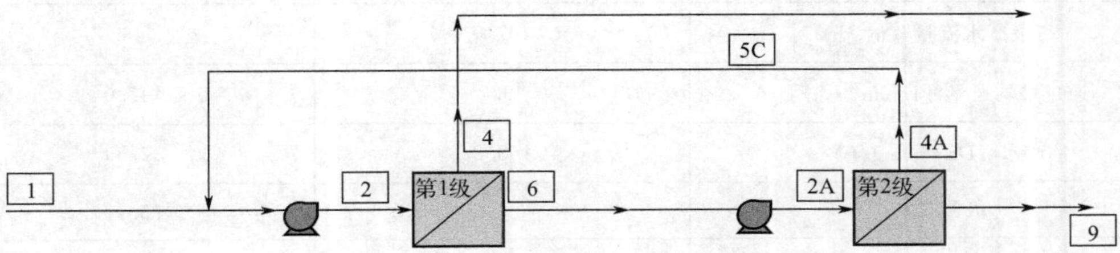

图 6-7　RO 系统流程图

表 6-14　RO 系统详情

序号	描述	流量 /(m³/h)	TDS /(mg/L)	压力 /bar	序号	描述	流量 /(m³/h)	TDS /(mg/L)	压力 /bar
1	反渗透系统的原料	481.7	26293	0.0	2A	净进水流量去二级	406.8	168.3	9.4
2	净进水流量去一级	540.7	23549	84.4	4A	二级总浓水	61.0	1109	8.5
4	一级总浓水	135.2	93643	82.1	5C	浓水回流从二级去一级	61.0	1109	8.5
6	第 1 遍的渗透总量	407.0	168.2	0.0					
9	净产品	346.0	2.59	0.0					

注：1bar＝10^5Pa。

表 6-15　RO 系统概况

总列数	1	在线＝	1	待机＝	0	RO 回收率	71.8%
系统流量	(m³/h)	净流量＝	481.7	净产水量＝	346.0		

RO 系统详细设计运行数据及设计警报见表 6-16、表 6-17。

表 6-16　RO 系统详细设计运行数据

级	一级	二级
流名称	水流 1	—
原水类型	经杜邦 UF 的海水，SDI＜2.5	RO 渗透液 SDI＜1
膜元件数量	276	198
总有效面积/m²	10256	7358

续表

级	一级	二级
每级给水流量/(m^3/h)	540.7	406.8
给水 TDS①/(mg/L)	23549	168.3
给水压力/bar	84.4	9.4
每级流量系数	0.85，0.85	1.00
每级产水流量/(m^3/h)	407.0	346.0
通过平均通量/[L/(m^2·h)]	39.7	47.0
产水 TDS①/(mg/L)	168.2	2.59
级回收率	75.3%	85.1%
平均 NDP/bar	40	7.7
能耗/(kW·h/m^3)	3.92	0.38
温度/℃	25.0	25.0
pH	7.4	5.7
化学加药	—	—
RO 系统回收率	71.8%	
净 RO 系统回收率	71.8%	
能耗/(kW·h/m^3)	4.99	

① 总溶解固体包括离子、SiO_2 和 $B(OH)_3$，不包括 NH_3 和 CO_2。

表 6-17 RO 设计警报

设计警报	限制	值	级	段	元件	产品
产水流量>最高限值/(m^3/h)	1.32	2.69	1	1	1	SW30ULE-400 (obsolete 9/2019)
产水流量>最高限值/(m^3/h)	1.32	2.24	1	1	2	SW30ULE-400 (obsolete 9/2019)
产水流量>最高限值/(m^3/h)	1.32	1.70	1	1	3	SW30ULE-400 (obsolete 9/2019)
给水压力>最高限值/bar	82.7	84.1	1	1	1	SW30ULE-400 (obsolete 9/2019)
元件回收率>最高限值/%	15.0	22.9	1	1	1	SW30ULE-400 (obsolete 9/2019)

续表

设计警报	限制	值	级	段	元件	产品
元件回收率＞最高限值/%	15.0	24.7	1	1	2	SW30ULE-400 (obsolete 9/2019)
元件回收率＞最高限值/%	15.0	24.8	1	1	3	SW30ULE-400 (obsolete 9/2019)
元件回收率＞最高限值/%	15.0	22.1	1	1	4	SW30ULE-400 (obsolete 9/2019)
产水流量＞最高限值/(m^3/h)	1.77	1.82	2	1	1	Eco Pro-400
产水流量＞最高限值/(m^3/h)	1.77	1.78	2	1	2	Eco Pro-400
浓水流量＜最低限值/(m^3/h)	2.27	1.85	2	1	6	Eco Pro-400
元件回收率＞最高限值/%	30.0	33.0	2	1	5	Eco Pro-400

RO 系统级配置见图 6-8。

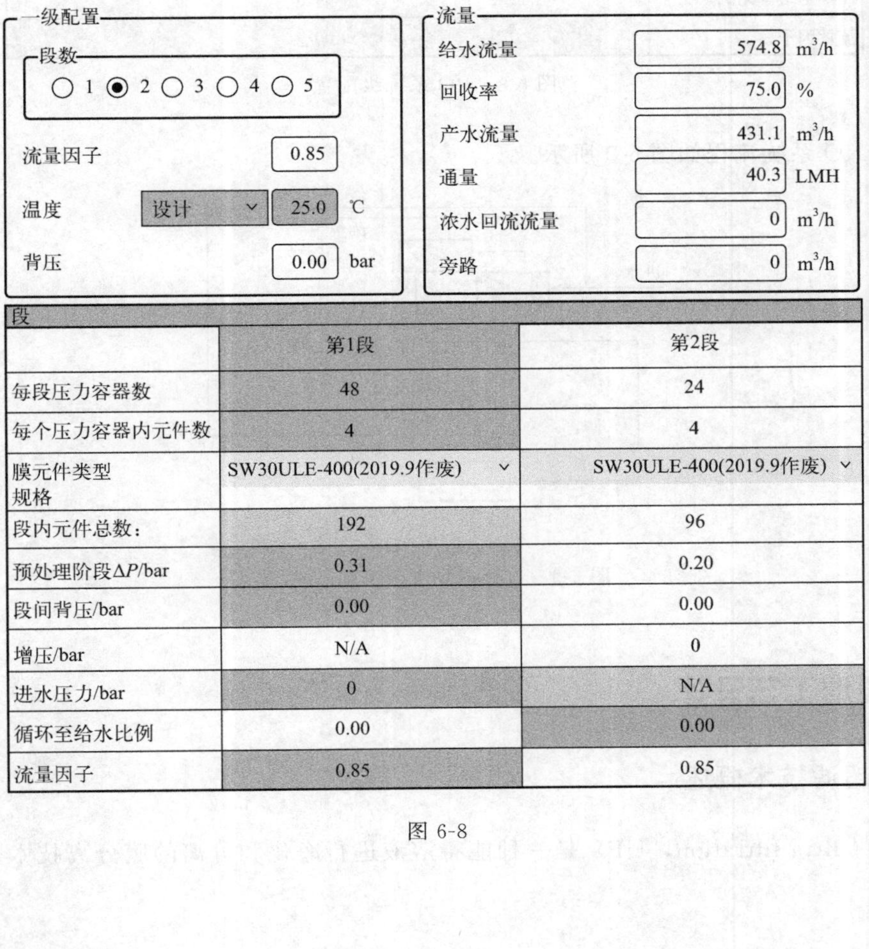

	第1段	第2段
每段压力容器数	48	24
每个压力容器内元件数	4	4
膜元件类型规格	SW30ULE-400(2019.9作废)	SW30ULE-400(2019.9作废)
段内元件总数：	192	96
预处理阶段ΔP/bar	0.31	0.20
段间背压/bar	0.00	0.00
增压/bar	N/A	0
进水压力/bar	0	N/A
循环至给水比例	0.00	0.00
流量因子	0.85	0.85

图 6-8

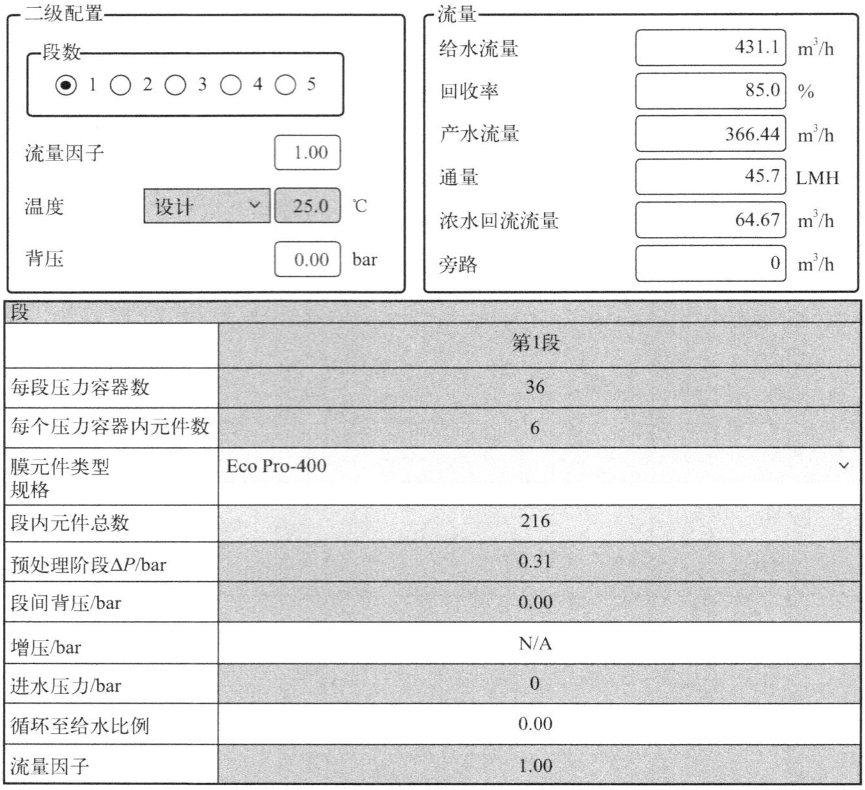

段	
	第1段
每段压力容器数	36
每个压力容器内元件数	6
膜元件类型规格	Eco Pro-400
段内元件总数	216
预处理阶段ΔP/bar	0.31
段间背压/bar	0.00
增压/bar	N/A
进水压力/bar	0
循环至给水比例	0.00
流量因子	1.00

图 6-8　RO 系统级配置

二级 RO 系统流程如图 6-9 所示。

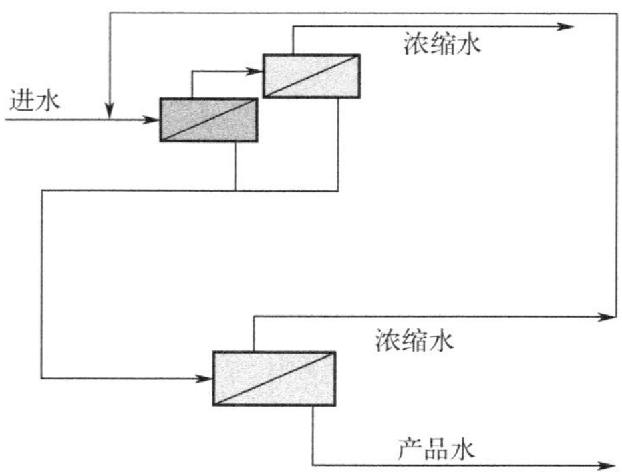

图 6-9　二级 RO 系统流程示意图

6.5　超滤工艺设计

6.5.1　超滤技术概述

超滤（ultra filtration，UF）是一种能将溶液进行净化和分离的膜分离技术。超滤膜系统是以超滤膜为过滤介质，膜两侧的压差为驱动力的溶液分离装置。超滤膜只允许溶液中的溶剂（如水分子）、无机盐及小分子有机物透过，而将溶液中的悬浮物、胶体、蛋白质和微生物等大分子物质截留，从而达到净化和分离的目的。目前超滤膜被大量用于水处理工程，超滤技术在反渗透预处理、饮用水处理、中水回用等领域发挥着越来越重要的作用。超滤技术在酒类和饮料的除菌与除浊、药品的除热原及食品与药物浓缩过程中均起关键作用。

一直以来，超滤过滤孔径和截留分子量的范围定义较为模糊，一般认为超滤膜的过滤孔径为0.001～0.1μm，截留分子量（molecular weight cut-off，MWCO）为1000～1000000。严格意义上来说，超滤膜的过滤孔径为0.001～0.01μm，截留分子量为1000～300000。若过滤孔径大于0.01μm，或截留分子量大于300000的微孔膜就应该定义为微滤膜或精滤膜。一般用于水处理的超滤膜标称截留分子量为30000～300000，而截留分子量为6000～30000的超滤膜大多用于物料的分离、浓缩、除菌和除热原等领域。

超滤膜的形式可以分为板式和管式两种。管式超滤膜根据其管径的不同又分为中空纤维式、毛细管式和管式。目前市场上用于水处理的超滤膜基本上以毛细管式为主，个别工程中使用的中空纤维（内径0.1～0.5mm）聚乙烯或聚丙烯微孔膜实际上应属于微滤膜。将超滤膜组合成可与超滤系统连接的组件称为超滤膜组件。超滤膜组件分为内压式、外压式和浸没式三种。其中浸没式超滤膜过滤的推动力是膜管内部的真空与大气压之间的压差。对于过滤精度要求较高的超滤膜，这一压差通常不易满足所需过滤推动力的要求，因此浸没式的组件形式比较适合过滤精度较低的超滤膜或微滤膜。外压式超滤在正冲与反冲时，膜表面液体的流速极不均匀，影响膜表面的冲洗效果，因此常用于水处理的超滤膜还是内压式组件结构较具有优势。

在超滤过程中，溶质分子在接近膜的位置或膜表面形成一个包含高浓度回流产物的浓度边界层，即浓差极化现象，浓差极化会明显地降低切向流的驱动力。超滤的运行方式有死端过滤、切向流过滤（错流过滤）两种。大多数大规模的超滤设备使用的是切向流过滤（TFF）技术，即液体流动方向与过滤方向呈垂直方向的过滤形式。

死端过滤：进水全部透过膜表面成为产水，污染物被拦截在膜表面，需通过定时气擦洗、水反洗和正冲及定期的化学清洗将其排出膜组件，如图6-10（a）死端过滤模式，其优点在于能耗小、水利用率高、系统简单；但是浓差极化大、污染较严重。

错流过滤：即部分进水透过膜成为产水，另一部分成为浓水被排放，或被重新加压后回到膜管内循环，如图6-10（b）错流过滤模式，其优点在于浓差极化小、污染较小；但能耗大、水利用率低、系统略复杂。

6.5.2 超滤设计导则

一个完整的超滤水处理系统一般由预处理部分、超滤膜装置部分和辅助设备（如反洗、气擦洗和在线化学清洗等设备）三部分组成。超滤系统可以去除水中的悬浮物、胶体颗粒、细菌，以及大部分病毒和大分子有机物等杂质。为了达到最终产水的水质要求，有时还需要采用后续处理步骤，比如采用纳滤和反渗透或者离子交换树脂进行除盐。

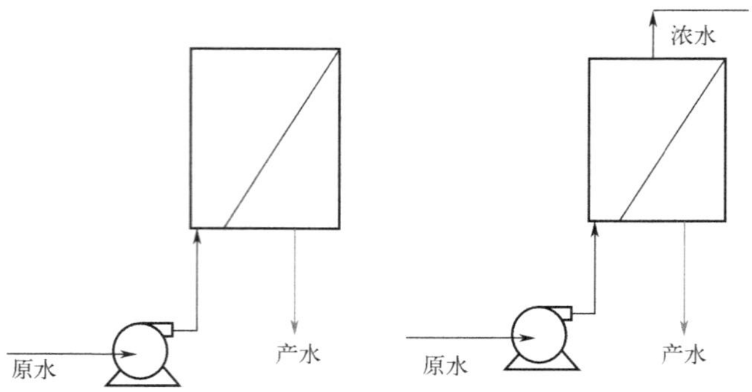

(a) 死端过滤模式　　(b) 错流过滤模式

图 6-10　超滤运行模式

表征超滤系统的性能通常采用三个参数：产水通量或渗透通量、产水水质和跨膜压差。超滤系统的设计主要是针对所需的产水量，使所设计的超滤系统尽可能降低运行费用和膜组件的成本，同时尽可能提高系统的长期稳定性和回收率及运行效率。

根据经验，超滤系统的通量设计、设计操作条件按照表 6-18、表 6-19 进行，超滤系统各阀门的功能和名称见表 6-20。

表 6-18　超滤系统的通量设计

序号	水质类型	平均设计通量 /[L/(m^2·h)]	运行通量 /[L/(m^2·h)]
1	工业废水	30～60	35～45
2	工业自来水	30～60	60～70

表 6-19　超滤系统设计操作条件

项目		条件
产水周期（反洗频率）/(min/次)		20～60（根据水质或中试试验确定）
反洗时间/s		20～60
反洗压力/MPa		≤0.2
反洗通量/[L/(m^2·h)]		80～120
正洗时间/s		20～60
正洗水量		同正常工作水量
气洗	进气时间/s	20～60
	组件最大进气压力/MPa	0.25
	气洗流量/[Nm^3/(h·支)]	4～10
	气源	无油压缩空气

续表

项目		条件
化学加强反洗	加强反洗周期/(h/次)	12～24（根据水质或中试试验确定）
	加强反洗药剂	HCl（视水质情况增减）
		NaOH+NaClO（视水质情况增减）
化学清洗	清洗条件	跨膜压差比初始上升0.08～0.10MPa，且通过反洗、气洗或化学加强反洗不能恢复时
	化学清洗时间/min	60～90
	化学清洗药剂	草酸、柠檬酸或HCl，NaOH+NaClO（有效氯计）
	清洗流量/(m^3/h)	1.0～2.0
	清洗温度/℃	30～35

表6-20　超滤系统各阀门的功能和名称

名称	功能
进水阀	控制超滤进水
清洗进液阀	控制清洗进液
产水阀	控制超滤产水
反洗进水阀	控制超滤反洗进水
下排水阀	反洗排水和排清洗液
上排水阀	反洗排水和正洗排水
清洗产水回液阀	清洗液产水侧回流
清洗浓水回液阀	清洗液浓水侧回流
自动排气阀	进水和反洗进水时，自动排出管道和膜中的空气

6.5.3　超滤设计计算

超滤装置的产水量（即进水量）：

$$Q_{\mathrm{UF}}^{\mathrm{RO,p}}=1.05Q_{\mathrm{F}}^{\mathrm{ROI}}$$

所需超滤元件数：

$$n_{\mathrm{UF}}=\frac{1.05Q_{\mathrm{F}}^{\mathrm{ROI}}}{\alpha MJ}\times 1000$$

式中　M——每支膜元件所具有的膜面积，m^2；

J——膜水通量，取膜说明书中的低限值，L/(m^2·h)；

α——考虑长期使用膜通量的衰减系数，可在0.8～1之间取值；

1.05——考虑超滤器的运行中清洗用水增加的产水量倍数。

n_{UF} 取整数。超滤设备需要分组，分组数≥2，且要满足其中一组停运时，其余各组按水通量的高限值计算的产水量要满足反渗透系统正常出力和运行中自身清洗的需要。超滤化学清洗箱容积要大于一组膜元件总容积和相应管道容积之和，一般为 2～5m^3。

所需自清洗过滤器台数为

$$n_{au}=\frac{1.05Q_F^{ROI}}{Q_{au}}$$

式中，Q_{au} 为单台自清洗过滤器产水量，取产品说明书中低限值，m^3/h；n_{au} 应取整数，并分组，分组数与超滤分组数相同，即它和超滤装置是单元制运行。每组自清洗过滤器中有一台进行自清洗时，其余过滤器按单台最大产水量（高限值）计算，其产水量应满足本组超滤正常出力的需要。

6.6 全膜法净化工艺计算的实战案例

全膜法作为水处理工艺中的一种前沿技术，在制药、电子及火力发电等领域获得广泛应用。相对于传统的离子交换工艺，全膜法有无需酸碱再生、运行操作简单、占地面积小、连续制水、出水水质稳定等优点。

全膜法技术通常是将超滤或微滤、RO（反渗透）、EDI（电除盐）等膜分离技术有机组合，其出水满足锅炉补给水、各种工艺用水要求。以江苏大唐国际金坛热电有限责任公司一期工程 2×400MW 燃气-蒸汽联合循环机组锅炉补给水系统调试为实战案例，就全膜法水处理工艺在燃机电厂中的实际应用进行阐述和分析。其工艺流程为：

反应沉淀池→空擦滤池→蓄水池→化学水泵→自清洗过滤器→超滤系统→超滤水箱→一级反渗透系统→一级反渗透产水箱→二级反渗透系统→淡水箱→EDI 系统→除盐水箱→送至主厂房。

该工程原水取自内陆漕运运河水（水质见表 6-21），经反应沉淀池混凝和空擦滤池过滤预处理，浊度分别小于等于 5NTU 和小于等于 1NTU，然后进行全膜法锅炉补给水处理，其出水水质满足 DL/T 1717—2017《燃气-蒸汽联合循环发电厂化学监督技术导则》要求（SiO_2 质量浓度≤20μg/L，25℃下电导率≤0.20μS/cm）。

表 6-21 漕运运河水质分析数据表

分析内容	数值	分析内容	数值
K^+ 质量浓度/(mg/L)	7.41	pH	8.02
Na^+ 质量浓度/(mg/L)	8.95	总硬度/(mmol/L)	3.35
Ca^{2+} 质量浓度/(mg/L)	36.33	全碱度/(mmol/L)	2.50
Mg^{2+} 质量浓度/(mg/L)	18.19	溶解性固体质量浓度/(mg/L)	246.20
Fe^{2+} 质量浓度/(mg/L)	0.20	悬浮性固体质量浓度/(mg/L)	113.20
Al^{3+} 质量浓度/(mg/L)	0.11	COD_{Mn}/(mg/L)	4.84

续表

分析内容	数值	分析内容	数值
Cl^- 质量浓度/(mg/L)	39.34	游离 CO_2 质量浓度/(mg/L)	4.21
SO_4^{2-} 质量浓度/(mg/L)	44.54	全硅质量浓度/(mg/L)	8.13
HCO_3^- 质量浓度/(mg/L)	152.80	电导率/(μS/cm)	439.00

6.6.1 工艺特点及运行方式

(1) 反应沉淀池

反应沉淀池主要包括管式静态混合器、翼片折板絮凝池、斜板沉淀设备、集水槽等装置，配置 2 座，单座处理能力 $650m^3/h$。反应沉淀池满足控制系统集中监控就地无人值班的要求，采用混合、混凝、沉淀处理工艺，混凝池与沉淀池合建，管式静态混合器安装在池外，池内安装絮凝反应、斜板沉淀设备，运行时在混合器中加入 3%聚合氯化铝、10% NaClO，达到混凝、沉淀、杀菌效果。

翼片隔板反应池是折板和隔板反应的加强，在反应池中沿水流方向设隔板，垂直水流方向设翼片，使水流产生高频谱涡旋，为药剂与水中颗粒充分接触提供微水动力学条件，形成比较密实的絮凝物。沉淀池内设整流段，在斜板区域和整流段内形成絮体粒子动态悬浮区，利用接触絮凝、沉淀原理去除水中的固体颗粒物质。

沉淀池底部产生的泥渣采用多斗重力方式排入污泥池，每座反应沉淀池底部设置 8 个角型隔膜排泥阀，每隔 8h 依次开启进行排泥。

(2) 空擦滤池

机械过滤为江苏海容股份有限公司生产的重力式空气擦洗滤池，配置 3 台，每台处理能力 $400m^3/h$，运行流速 7～9m/h，稀土瓷砂作为滤料，滤层高度 700mm，顶部用作反洗水箱，容积 $200m^3$。

空擦滤池的冲洗、反洗等操作均由 PLC（可编程逻辑控制器）程控实现，反应沉淀池来水进入隔舱，通过滤料层经水帽至多孔板底的集水区，产水一部分流入蓄水池，另一部分经反洗泵送至滤池顶部反洗水箱。

滤池正常运行时进出口压差约为 0.03MPa，随着滤层截留的悬浮物、有机物等增多，滤层阻力增大，当压差达到 0.1MPa 或滤池运行超过 72h 时，滤池启动反洗自动程控操作，反洗用水为滤池上部水箱的清水，反洗水强度为 $12L/(s \cdot m^2)$，反洗时间为 5min。

重力式空气擦洗滤池增加了空气擦洗装置，由罗茨鼓风机对砂层进行空气擦洗，改善了滤料积泥抱球、不易彻底清洗的缺点，提高了清洗效果，反洗用气量为 $10 \sim 15L/(s \cdot m^2)$。滤池底部的放水阀，除正常排水外，在调试初期出水浊度未合格时也作为正洗排水阀使用，排出浊度较高的出水，改善出水水质。

(3) 自清洗过滤器

系统配置 6 套前置过滤器，选用西班牙产 AZUD（阿速德）叠片式过滤器，型号

H305/6FE 100M，设计流量 133m^3/h，过滤精度 100μm。自清洗过滤器的作用是截留去除原水中携带的颗粒性杂质、铁锈和悬浮物，保证超滤的进水安全。采用进水母管制、出水单元制布置，运行的超滤组件对应配套的自清洗过滤器。AZUD 自带过滤反冲洗控制器（FBC）控制系统，集合了控制、检测和操作的全部组件，内部螺旋盘产生独有的离心效果，使水中的大颗粒被甩在过滤器内壁远离叠片，大大降低过滤叠片的清洗频率，达到低维护成本和节水的目的。

AZUD 叠片式过滤器运行原理及主要特点是：①离心盘位于过滤芯的底部，当水流通过滤器与离心盘的塑料刀片切线方向接触时，产生的离心效果把水中大颗粒杂质甩至过滤器内壁顶部，携带更少杂质的水再接触过滤叠片；②经初级过滤后，水流通过叠片间的缝隙进入三维空间深层过滤，产水从叠片内腔流出，截留的杂质等待反冲洗清理；③当自清洗过滤器的进出口压差达到 0.05MPa 或运行时间超过 2h 时，启动清洗程序。以进出口压差达到 0.05MPa 为优先，若超过 2h 未达设定压差值，则根据时间进行自清洗。

（4）超滤系统

超滤系统由 6 套系列组成，并联方式布置，装置型号 TYUF-119，每套系列配置 48 支膜组件，膜组件采用美国 GE（通用电气公司）的聚偏氟乙烯（PVDF）外压式中空纤维膜。外压式中空纤维膜型号 ZeeWeed 1500-600，孔径 0.03μm，有效膜面积 51.5m^2，长度 1920mm，直径 180mm，单套出力 119m^3/h，回收率≥90%。

PLC 实现超滤系统程控运行操作，净水在水泵压力作用下，从装置底部进入膜元件，由外向内进行过滤，通过孔径为 0.03μm 的中空纤维膜被压入纤维膜内侧，经膜孔收集在膜组件顶部形成产水。

① 超滤装置采用恒流控制，控制进水流量小于 133m^3/h，进水压力小于等于 0.20MPa。

② 超滤膜运行后截留的悬浮颗粒、胶体、蛋白质、大分子物质等有机物逐渐积聚在膜表面，增加了跨膜压差，需通过水力反洗进行清洗除去，使其恢复到先前产水周期的水平（跨膜压差≤275kPa）。

③ ZeeWeed 1500 超滤膜为外压式超滤膜，在水反洗过程中引入压缩空气（流量 8m^3/h，进气压力＜0.07MPa）至膜组件底部进行空气擦洗，空气沿超滤膜表面形成紊流，上升气泡擦洗膜纤维的外侧，将残留固体经废液阀和浓水排水阀排出，从而提高超滤膜反洗效果。

④ 当超滤制水达到 40 个周期后，程控操作自动进行化学加强反洗（CEB），目的是除去膜表面不溶性盐、有机物、悬浮物、胶体硅等污染物，以增加其膜通量和除盐率。CEB 分为加碱、氯 CEB，加酸 CEB，加碱、氯 CEB 和加酸 CEB 交替进行，pH 值控制在 2～12，酸洗时不宜使用 H_2SO_4，防止形成硫酸盐结垢。由于 ZeeWeed 1500 的最大氯容忍度为 1×10^{-9}，因此控制碱洗加 NaClO 质量浓度小于 500mg/L，并且不允许在中性或酸性液中加氯，单个膜组件 CEB 控制流量 1.15m^3/h。

（5）反渗透系统

反渗透系统采用两级两段组合方式，配置 6 个系列单元，每系列均能单独运行也可同时运行，保安过滤器过滤精度为 5μm，设备规范见表 6-22。

表 6-22　反渗透设备规范

指标	一级反渗透装置	二级反渗透装置
装置型号	TYRO-112	TYRO-110
膜元件	GE AG8040F-400FR，34 复合膜	GE AK440 复合膜
膜通量/[L/(m^2·h)]	≤22	≤32
单套进水量（25℃）/(m^3/h)	140	112
单套产水量（25℃）/(m^3/h)	112	100
回收率/%	80	90
排列方式	一级两段，按 15：8 排列	一级两段，按 9：4 排列

反渗透系统由 PLC 实现程控操作，每个系列反渗透进水由给水泵和高压泵控制，给水泵为母管制，高压泵采用单元制，程控逻辑设置反渗透加药自动联启。

1）一级反渗透系统

① 控制系统进水压力≤1.2MPa，淤泥密度指数<3。

② 装置前投加还原剂、阻垢剂，阻垢剂采用进口高效阻垢剂，质量分数 3.0×10^{-6}～6.0×10^{-6}，主要是防止膜浓水侧微溶盐类，特别是 SiO_2 的结垢；还原剂使用 $NaHSO_3$，控制进水中余氯，使氧化还原电位小于 250mV，保护膜元件不被氧化损坏。

③ 停运前启动反渗透冲洗泵对一级反渗透装置进行冲洗，时间 5min。系统共用 1 台冲洗泵。

2）二级反渗透系统

① 控制系统进水压力≤1.2MPa。

② 该单元受前后水箱液位控制，当一级反渗透产水箱液位低于 1m 时联锁停运二级反渗透给水泵和一级反渗透冲洗泵，当淡水箱液位高于 4.2m 时备用该系统设备，不进行停机冲洗程序。

③ 进水温度对反渗透膜产水量有一定影响。温度变低，水的黏度增加、扩散性减弱，产水量也降低。在同一压力下，温度每下降 1℃，产水量减小 3%～4%，而当温度高于 30℃时，RO 膜变得不稳定。因此根据反渗透装置回收率，需要定期调整产水、浓水流量。

④ 保安过滤器滤芯使用寿命一般为 4～6 个月，当进出口压差达到 0.15MPa 时，需及时更换。

（6）EDI 系统

EDI 系统装置型号 TYEDI-90，采用美国 GE MK-3X 模块，设置 6 系列单元，每系列单元分 3 组，共 18 模块。每 6 模块配置 1 个独立的整流电源模块，每系列可单独或同时运行。单个 EDI 模块出力 5m^3/h，每系列处理能力 90m^3/h，回收率 90%，EDI 系统装置前设保安过滤器，过滤精度 1μm。EDI 系统装置进出水相关指标见表 6-23。

表 6-23　EDI 系统装置进出水相关指标

<table>
<tr><th>项目</th><th colspan="2">进水控制标准</th><th>出水控制标准</th></tr>
<tr><td>电导率/(μS/cm)</td><td colspan="2">1～10</td><td>≤0.15</td></tr>
<tr><td rowspan="2">活性硅质量浓度/(μg/L)</td><td>最小产水量时控制范围</td><td>＜1000</td><td rowspan="2">≤10</td></tr>
<tr><td>最大产水量时控制范围</td><td>＜766</td></tr>
<tr><td>pH</td><td colspan="2">6.0～9.0</td><td>—</td></tr>
<tr><td>温度/℃</td><td colspan="2">4.4～40</td><td>15～25</td></tr>
<tr><td>TOC 质量浓度/(μg/L)</td><td colspan="2">＜500</td><td>≤200</td></tr>
<tr><td>硬度（$CaCO_3$ 计）/(mg/L)</td><td colspan="2">＜1.0</td><td>≈0</td></tr>
<tr><td>浊度/NTU</td><td colspan="2">＜1</td><td>—</td></tr>
<tr><td>SDI（15min）</td><td colspan="2">＜1</td><td>—</td></tr>
<tr><td>总 Cl 质量浓度/(μg/L)</td><td colspan="2">＜50</td><td>—</td></tr>
</table>

EDI 系统运行控制主要操作及特点如下：

① EDI 系统停运一段时间后，再次正常投运前 EDI 系统需要进行再生，系统按正常程序启动和运行，将模块控制调至稳压状态，产水排放直至电阻率由小于 1MΩ·cm 上升至大于等于 16MΩ·cm。

② EDI 系统进水设变频泵，启动时保持最低频率，确保进水压力小于 0.2MPa，缓慢向淡水室、浓水室和极水通道充水，启动和运行过程中设低流量保护，当浓水流量＜6m^3/h、极水流量＜1.3m^3/h、产水流量＜65m^3/h 中任一条件触发时，EDI 系统自动断电停机保护。

③ 调整浓水进水压力比淡水室进水压力低 0.035～0.07MPa，缓慢提高淡水流量，保证淡水室进出水压差在 0.15～0.35MPa 的情况下，将淡水、浓水、极水流量分别调至 90m^3/h、8.56m^3/h、1.44m^3/h（单个模块 80L/h）。控制每个整流单元的工作电流 0～5.2A，最大工作电压 400V。

④ 为防止内部泄漏对出水水质的影响，保证淡水出口压力比极水、浓水出口压力高 0.05～0.07MPa。EDI 膜堆和管路由于长时间运行累积、硬度、高回收率、微生物滋生、有机物及金属氧化物等因素而引起污染或结垢，导致模块压差增大，流量降低、电压升高、水质变差。因此需定期对 EDI 系统装置进行清洗，清洗前应根据模块的运行状况或垢样分析结果，选择性进行浸泡或动态循环清洗。污垢类型与可能易发的部位如下：a. 钙镁垢，易发部位为浓水室和阴极室；b. 硅垢，易发部位为浓水室和阴极室；c. 有机物污染，树脂和膜会发生有机物污染，易发部位为淡水室；d. 铁锰污垢，可引起树脂和膜的中毒，易发部位为淡水室；e. 微生物污染，易发部位为淡水室、浓水室、进水预处理单元及管道等。

上述锅炉补给水系统自 2019 年 5 月投运以来，出水水质满足 DL/T 1717—2017《燃气-蒸汽联合循环发电厂化学监督技术导则》要求（SiO_2 含量≤20μg/L，25℃下电导率≤

0.20μS/cm)。

6.6.2 工艺优化

(1) 超滤系统优化

降低超滤反洗用水量的优化调整:

超滤系统在投运前和正常运行过程中进行必要的冲洗、反洗等步骤,消耗大量的净水,降低超滤系统制水的得水率。

得水率=产水量/(进水量+反洗水量)

超滤系统采用全流过滤方式,产水量取决于膜通量,基本与进水量等同,因此要提高得水率就必须通过降低反洗水量、冲洗水量等来实现。

① 延长气洗时间和压力,加强污染物剥离效果。将反洗进气压力由 0.15MPa 提高至 0.20MPa,气洗时间从 20s 增加到 60s。

② 缩短水反洗时间。反洗 1 和反洗 2 阶段时间分别从 120s 降至 90s、90s 降至 30s。

③ 减少冲洗水量。根据计算,每套超滤膜有效容积=单支超滤膜体积×容积率×48 支/套$=\pi r^2\times1.92\times48=3.14\times0.09^2\times1.92\times48\approx2.35m^3$。

经过讨论将冲洗流量 $270m^3/h$ 调整至 $200m^3/h$、冲洗时间 150s 降至 45s,调整后每次冲洗所用水量为 $2.5m^3$,满足冲洗要求。

提高超滤装置开机时间,减少启停次数,降低冲洗频率,通过外围需求水量,减少超滤运行套数,做好停用设备的保养。超滤系统经过以上措施优化后,排水量下降了 $52m^3/d$,使整个超滤系统的制水得水率由原来的 96.0%提高到 98.3%,上升了 2.3%。

(2) 反渗透系统优化

① 根据电厂各段水源水质的不同,有针对性地对一级、二级反渗透膜元件进行选材。考虑到超滤出水水质一般(浊度<1NTU,淤泥密度指数<3),一级反渗透选用美国 GE AG8040F-400FR/34 反渗透膜,具有宽进水流道、高脱盐率、低压等优点,适用于对生物污染的耐受性和清洗效率要求高的应用场合。二级反渗透由于进水水质较好,选用较为经济可靠的美国 GEAK440 涡卷式低压复合膜。

② 高压泵增设变频器以降低启泵时高压泵对反渗透膜元件的冲击,为防止高压进水冲击反渗透膜元件,设置高压泵为变频泵,15s 内由最低频率 25Hz 升至额定频率。

(3) EDI 系统优化

① 一级 RO 进水中含有大量 CO_2,与 H_2O 反应生成 HCO_3^-、CO_3^{2-},使其产水 pH 值比进水低,当 pH<8 时,H_2O 中 HCO_3^-、CO_3^{2-} 开始转为 CO_2,当 pH<4 时,H_2O 中 HCO_3^-、CO_3^{2-} 全部转为 CO_2,而反渗透膜对 H_2O 中 CO_2 几乎无法截留,从而严重影响 EDI 系统产水品质。因此二级 RO 进水通过加碱控制 pH≈8.3,使 CO_2 转为可被反渗透膜脱除掉的 HCO_3^-、CO_3^{2-},提高二级反渗透膜对碳酸的脱除率,减轻后续装置 EDI 系统的脱盐压力。

② 对比分析不同 EDI 系统运行情况及设计要求,选用美国 GE MK-3X EDI 模块,利用模块无需盐水注入和浓水循环就能确保浓水导电性的优点,简化了设计,使系统运行更

加简便易控。

（4）全膜法水处理整体设计优化

① 合并 RO、EDI 化学清洗装置。超滤、RO、EDI 系统运行一段时间后由于截留物质原因导致压差增大，需要进行化学清洗，最初为系统各设计了 1 套清洗装置。由于超滤化学清洗所用 NaClO 会损坏反渗透膜元件，故对清洗系统进行优化，方案为超滤单独配置 1 套化学清洗装置，EDI 化学清洗装置与反渗透化学清洗装置共用。同时为满足 EDI 系统进水的水质要求，将此清洗装置中的保安过滤器滤芯的过滤精度由 5μm 改为 1μm。

② 除盐水泵、水箱优化。除盐水箱隔绝外界 CO_2 对除盐水的污染，保证锅炉补给水水质，避免对热力系统的损害。除盐水泵加装变频装置，提高了水泵运行经济性，达到节能的效果。

③ 根据系统节水要求，对不同水质的水分类回收。

第 7 章

管道、泵及附属系统的选择

7.1 管道的选择

7.1.1 管径的选择

管道的管径应满足输送最大流量的要求。当流体的流量已知时，管径的大小取决于允许的流速或允许的摩擦阻力（压力降）。流速大时管径小，但压力降值增大。因此，流速大时可以节省管道基建投资，但泵和压缩机等动力设备的运行能耗费用增大。此外，如果流速过大，还有可能带来其他一些不利的因素。因此，管径应根据建设投资、运行费用和其他技术因素综合考虑决定。

$$d \geqslant \sqrt{\frac{4Q_{\max}}{3600\pi v}} \times 1000(\mathrm{mm})$$

7.1.2 管件的选择

管件是将管子连接成管路的零件。管件种类很多，主要的类型有：①变直径管件，指管端或管上某一部分直径减小；②变壁厚的管件，指沿管子长度方向壁厚发生变化；③改变断面的管件，根据要求，将圆形断面变为方形、椭圆形、多边形等；④带凸缘和圆缘的管件，前者指管子端部向内侧或外侧凸，后者指在管的圆周方向形成隆起或凹槽的管件；⑤弯曲管件，接触比较多的就是将直管变为不同曲率半径的弯管，如弯头、弯管等；⑥带卷边和封底类的管件，增加管端总强度向管的外侧或内侧卷边或将管件端部封住的管件；⑦扩径管件，按照要求将管件端部或某部位扩大形成各种形状的管件。

根据连接方法可分为承插式管件、螺纹连接的管件、焊接连接的管件和塑料管连接件四类，多用与管子相同的材料制成，有弯头（肘管）、三通、四通（十字头）和异径管

(大小头)等。弯头用于管子转弯的地方，三通用于三根管子汇集的地方，四通用于四根管子汇集的地方，异径管用于不同管径的两根管子相连接的地方。

(1) 承插式管件

用承插口与管子连接的管件，常用于铸铁管和耐酸陶瓷管等。将一管插入另一管端的插套，在环隙内先填麻丝或石棉绳，再塞入胶合剂(如水泥、耐酸胶泥等)，从而达到密封的目的。如弯头、三通、四通和异径管等。

(2) 螺纹连接的管件

螺纹连接的管件通常为可锻铸铁管件，多用于低压的水煤气管道上，常用的有内螺纹接头、外螺纹接头、活接头，各种同径及异径三通、四通、45°及90°弯头、堵头、异径管、异径90°弯头等。

(3) 焊接连接的管件

焊接连接的管件用于无缝钢管的连接，常用的有法兰(水处理低压管道中常用的是平焊法兰)，堵头，异径管，30°、45°、60°、90°、120°的热压弯头及焊接弯头，垫片(常用的材料有塑料、橡胶、纸板等)。

(4) 塑料管连接件

塑料管连接件用于塑料管道的连接，常用的有平口或带承插口的三通，以及弯头、法兰、活接头等。

7.2 泵的选择

7.2.1 泵的选择依据

泵选型依据应根据工艺流程及补给水处理要求，从五个方面加以考虑，即液体输送量、装置扬程、液体性质、管路布置及操作运转条件等。

(1) 液体输送量

流量是选泵的重要性能数据之一，直接关系到整个装置的生产能力和输送能力，如设计院在工艺设计中能算出泵正常、最小、最大三种流量。选择泵时，以最大流量为依据，兼顾正常流量，在没有最大流量时，通常可取正常流量的1.1倍作为最大流量。

(2) 装置扬程

水处理系统所需的扬程是选泵的又一重要性能数据，一般要用放大5%～10%余量后的扬程来选型。

(3) 液体性质

系统中液体的性质包括液体介质名称、物理性质、化学性质和其他性质。物理性质包括温度、密度、黏度、介质中固体颗粒直径和气体的含量等，涉及系统的扬程、有效气蚀余量计算及合适泵的类型；化学性质主要指液体介质的化学腐蚀性和毒性，是选用泵材料和轴封类型的重要依据。

（4）管路布置

系统的管路布置条件指的是送液高度、送液距离、送液走向、吸入侧最低液面和排出侧最高液面等一些数据，以及管道规格及长度、材料、管件规格和数量等，以便进行系统扬程计算和气蚀余量的校核。

（5）操作运转条件

泵的操作条件包括液体的操作温度 T、饱和蒸汽压力 p、吸入侧压力 p_s（绝对）、排出侧容器压力 p_z、海拔高度、环境温度、操作是间歇的还是连续的、泵的位置是固定的还是可移动的等，是选泵的必备条件。

7.2.2 泵的选择计算

水处理中常用泵的种类很多，但一般可分为离心式清水泵（单吸或双吸）、耐腐蚀泵、加药用的柱塞泵和隔膜泵。表7-1给出了补给水处理工艺常见泵的运动黏度适用范围。

表7-1 常见泵适用的流体运动黏度范围

项目	类型	适用运动黏度范围/(mm²/s)
叶片式泵	离心泵	＜150
	旋涡泵	＜37.5
容积式泵	往复泵	＜850
	计量泵	＜800
	旋转活塞泵	200～10000
	单螺杆泵	10～560000
	双螺杆泵	0.6～100000
	三螺杆泵	21～600
	齿轮泵	＜2200

（1）泵的选择

泵是根据所需要的流量及压力来选择的。流量是指泵必须能承担被输送介质的最大流量；压力是指泵应能克服流经的管道、设备的阻力，按要求把介质送到指定位置。因此，选择泵的流量应取前面工艺计算中相应位置的最大流量，而泵的压力 p(Pa) 应为

$$p \geqslant p_1 + p_2 + p_3 + h_4\rho g + p_5$$

现将上式中各项叙述如下。

① 管道沿程阻力 p_1（Pa）。

$$p_1 = \frac{\lambda l}{d} \times \frac{\rho v^2}{2}$$

式中 λ——摩擦阻力系数（与温度有关）；

l——管道长度，m；

d——管道计算内径，m；

v——管道内介质平均流速，m/s；

ρ——管道内介质密度，kg/m³。

计算 p_1 的关键是求 λ，λ 可以按雷诺数来求得。但在水处理设计中常用水力坡降 i 来计算 p_1，i 定义为

$$i=\frac{\lambda}{d}\times\frac{v^2}{2g}$$

式中　g——重力加速度，m/s²。

则
$$p_1=li\rho g$$

i 值通常绘制成图表，便于应用。对钢管和铸铁管，i 值可查图 7-1、图 7-2；对硬聚氯乙烯塑料管，i 可按下式计算：

$$i=0.000915\,\frac{Q^{1.774}}{d^{4.774}}$$

式中　Q——塑料管中计算流量，m³/s；

d——塑料管计算内径，m。

对工作压力为 1.0MPa、直径 ϕ25～200 的聚氯乙烯塑料管，计算 p_1 时应还乘以系数 1.26～1.9。

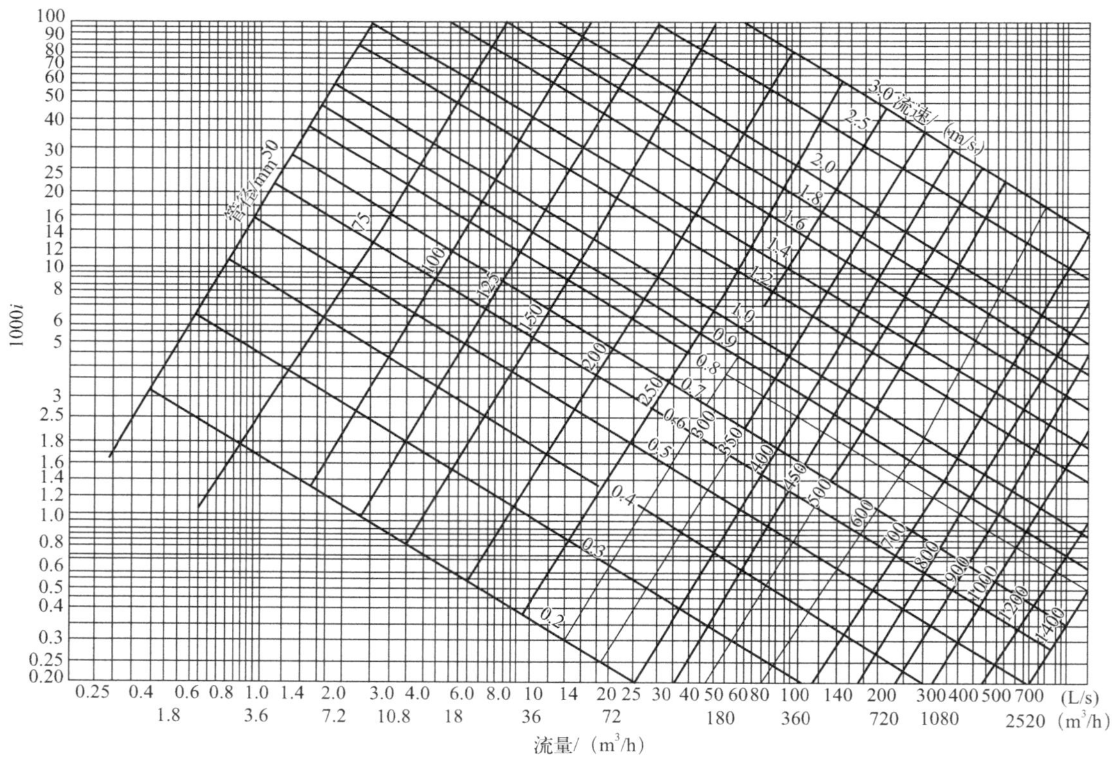

图 7-1　旧铁管和铸铁管水力计算

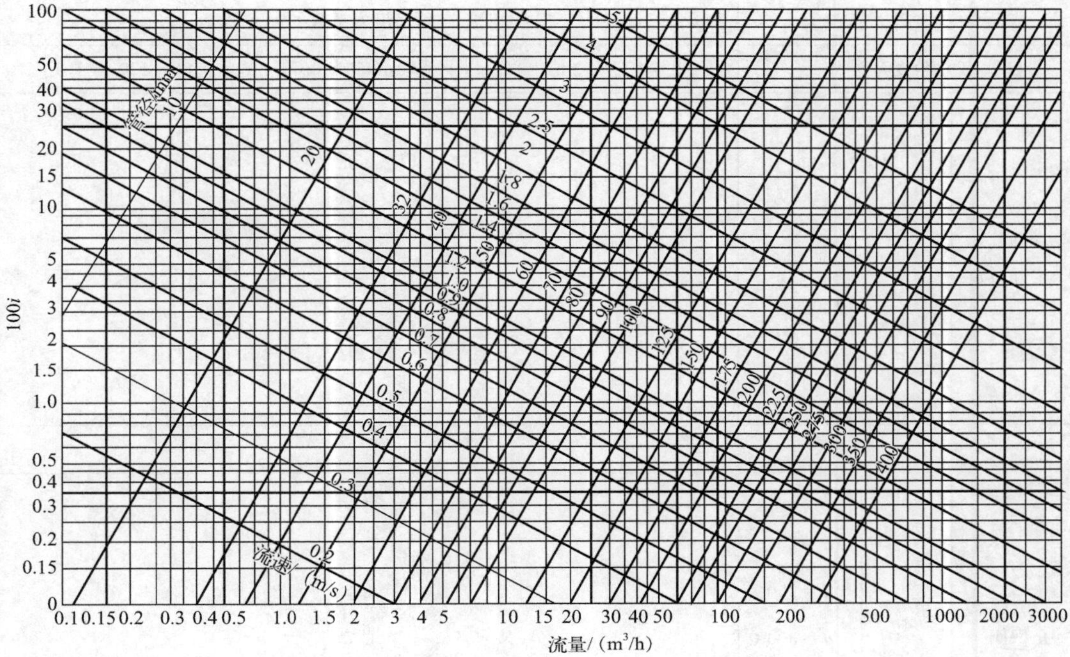

图 7-2　新铁管水力计算

② 局部阻力 p_2。管道上的各种阀门、三通、弯头、孔板等会使流体流动状态发生变化，产生阻力，产生的阻力称为局部阻力。

$$p_2=\zeta_1\times\frac{\rho v_1^2}{2}+\zeta_2\times\frac{\rho v_2^2}{2}+\zeta_3\times\frac{\rho v_3^2}{2}+\cdots=\sum\zeta\times\frac{\rho v^2}{2}(\text{Pa})$$

式中　ζ_i——每一个管件的局部阻力系数。

常用管件的局部阻力系数列于表 7-2 中。

表 7-2　常见泵适用的流体运动黏度范围

名称		局部阻力系数 ζ
进口		未加工圆滑 $\zeta=0.50$，稍加工圆滑 $\zeta=0.20\sim0.25$，完全加工圆滑 $\zeta=0.05\sim0.1$
等径三通		直流时 $\zeta=0.1$，转弯流动时 $\zeta=1.5$
90°弯头	$R/d=0.5$	1.20
	$R/d=1.0$	0.80
	$R/d=1.5$	0.60
	$R/d=2.0$	0.48
	$R/d=3.0$	0.36
	$R/d=4.0$	0.30
	$R/d=5.0$	0.29

续表

名称			局部阻力系数 ζ
任意角度弯头			在90°弯头 ζ 值上再乘一个系数：45°为0.7，60°为0.83，120°为1.13
闸阀（全开时）	$d=15$		1.5
	$d=20\sim50$		0.5
	$d=80$		0.4
	$d=100$		0.2
	$d=150$		0.1
	$d=200\sim250$		0.08
	$d=300\sim450$		0.07
止回阀	升降式		7.5
	旋启式	$d=150$	6.5
		$d=200$	5.5
		$d=250$	4.5
		$d=300$	3.5
		$d=350$	3.0
		$d=400$	2.5
		$d=500$	1.8
		$d\geqslant600$	1.7
截止阀（全开时）			普通式 $\zeta=4.3\sim6.1$，斜轴杆式 $\zeta=1.4\sim2.5$
孔板	$x/y=0.3$		309
	$x/y=0.4$		87
	$x/y=0.45$		50.4
	$x/y=0.5$		29.8
	$x/y=0.55$		18.4
	$x/y=0.6$		11.3
	$x/y=0.65$		7.35
	$x/y=0.7$		4.37
	$x/y=0.75$		2.66
	$x/y=0.8$		1.55
泵进口滤水帽（有底阀）	$d=40$		12
	$d=50$		10
	$d=75$		8.5
	$d=100$		7.0

续表

名称		局部阻力系数 ζ
泵进口滤水帽（有底阀）	$d=150$	6.0
	$d=200$	5.2
	$d=250$	4.4
	$d=300$	3.7
	$d=350\sim450$	3.6
	$d=500\sim600$	3.5

注：R 为弯管曲率半径，mm；d 为直径，mm；x 为收缩截面直径，mm；y 为进水管直径，mm。

③ 树脂层阻力 p_3 可按如下经验公式计算：

$$p_3=5\nu\frac{vh_R}{d_p^2}\times\rho g\,(\mathrm{Pa})$$

式中　h_R——树脂层高度，m；

v——介质流速，m/h；

d_p——树脂平均粒径，mm；

ν——水的运动黏度（表 7-3），cm^2/s。

表 7-3　不同温度时水的运动黏度

温度/℃	5	6	7	8	9	10	11	12	13	14	15	16	17
$\nu/(\times10^{-3}cm^2/s)$	15.2	14.7	14.3	13.9	13.5	13.1	12.7	12.5	12	11.7	11.4	11.1	10.8
温度/℃	18	19	20	21	22	23	24	25	26	27	28	29	30
$\nu/(\times10^{-3}cm^2/s)$	10.6	10.3	10.1	9.8	9.6	9.4	9.1	8.9	8.7	8.5	8.4	8.2	8.0
温度/℃	32	34	36	38	40	42	44	46	48	50	55	60	65
$\nu/(\times10^{-3}cm^2/s)$	7.7	7.4	7.1	6.8	6.6	6.3	6.1	5.9	5.7	5.5	5.1	4.7	4.4

④ 提升高度 h_4(m)。提升高度即流程中流体所达到的最高标高和提升前的标高差。

⑤ 进出水装置阻力 p_5(Pa)。主要指离子交换、过滤等设备进出水装置的阻力，该值可按进出水装置形式（如大阻力系统、小阻力系统等）进行取值。对清水泵和中间水泵，也可取经验值为 $h_4+\dfrac{p_5}{\rho g}=10\mathrm{m}$ 。

泵的选择除了考虑流量和压力外，还应注意泵的吸入高度 H_s，一般在常温常压（对大气开口）状态下，高位布置的水源水箱不考虑吸入高度，但低位布置的水源水箱要满足下式要求：

$$H_s\geqslant\pm H_1+\frac{\Delta p}{\rho g}+\frac{v^2}{2g}(\mathrm{m})$$

式中　H_1——泵吸入口与最低液面间高度差，m；泵吸入口比液面高，该值为正，反之为负；

Δp——泵吸入口管道沿程阻力与局部阻力之和，Pa；

v——管内介质流速，m/s；

g——重力加速度，9.81m/s^2。

当水箱内有真空存在时（常温状态）：

$$H_1 \geqslant \left(10.33 - \frac{p}{\rho g} - H_s\right) + \frac{\Delta p}{\rho g} + \frac{v^2}{2g}$$

式中 H_1——水箱高位布置时，水箱最低液面与泵入口高度差，m；

p——有真空存在时的水箱内空气压力，Pa。

其余符号的意义同上式。

(2) 系统中泵及管道设置的几点说明

① 清水泵、预脱盐水泵、除盐水泵、母管制系统的中间水泵，应各设置 1 台备用泵，备用容量可为其最大出力的 1/3、1/2、2/3 或 100%。清水泵和除盐水泵出力还要能满足锅炉启动和化学清洗时供水的需要。单元制系统的中间水泵每套系统 1 台，不设备用。

② 反洗水泵在系统中可以专门设置，供各交换器反洗之用，其流量按交换器最大反洗流量计算，压力要大于 0.1～0.12MPa。若有回收水箱时，还要考虑回收水箱的高度。

③ 再生专用泵。设置它的目的是避免用除盐水泵输送再生用水时流量及压头不稳，给再生带来影响。再生专用泵流量按再生所需流量选择，其压力可按喷射器进水所需压力来考虑。

④ 加药泵分为以下几种。

a. 氨泵。通常采用柱塞泵，流量按计算的每小时加药量考虑。氨泵一般是一台机组设置 1 台（二级加氨时为 2 台），集中布置时，2 台机组加氨泵合并为一组。氨泵应设备用，一组（少于 4 台）可合用 1 台备用泵。氨泵出口管应设稳压室，每根加药管上应设转子流量计，氨泵进口宜设过滤装置。

b. 联氨泵。联氨可以与氨一起投加，这样就可以共用加药泵，但一般宜单独投加，单独投加时联氨泵设置原则与氨泵相同。

c. 磷酸盐加药泵。一般每台汽包锅炉设置 1 台，集中布置时两台锅炉磷酸盐泵合并为一组，再另设 1 台备用泵。磷酸盐加药泵都是柱塞泵，出力按所需的磷酸盐稀溶液体积来考虑，出口管上应设稳压室。不同压力等级的锅炉加药系统要分开。

d. 混凝剂泵。每台澄清池设置 1 台，集中布置时每组设 1 台备用。混凝剂泵流量按所需加药量体积来考虑，扬程要克服静压力和管道阻力，药品加入进水管时，还要考虑克服进水压力。该泵压力一般按 0.6MPa 来考虑。泵的出口宜设稳压室和转子流量计，进口宜设过滤装置。

反渗透前处理中二次混凝的混凝剂泵、阻垢剂泵、还原剂泵等均设置 2 台，1 台运行，1 台备用，泵压力按 0.6MPa 选择。

⑤ 溶解药品所用搅拌泵可按流量 20m^3/h、压力 0.2MPa 考虑。

⑥ 反渗透高压泵，按计算所需压力和流量来选择。

⑦ 水处理室至主厂房的补给水管道，一般不得少于2条，其输送能力应能满足一台机组启动时补给水量（或化学清洗水量）和其余机组正常补给水量的要求，并且当1条管道停用时，其余管道应能满足输送全部机组正常补水量的需要。选用不锈钢管材时，可只设1条管道。

⑧ 当水箱最低水位低于泵吸入口时，每台水泵应有单独吸入管。

7.3 阀门的选择

水处理设备中常用的阀门是各种低压阀门（工作压力小于0.588MPa），结构种类繁多，按操作动力往往又可分为自动（气动、电动）和手动两种。下面对常用阀门的类别及名称进行简单介绍，设计时根据情况选用。

① 闸阀。闸阀也叫闸板阀，是一种广泛使用的阀门。它的闭合原理是闸板密封面与阀座密封面高度光洁、平整一致，相互贴合，可阻止介质流过，并依靠顶模、弹簧或闸板的模型来增强密封效果。它在管路中主要起切断作用，流体阻力小，适合作大阀门。

② 截止阀。也叫截门，是依靠阀杠压力，使阀瓣密封面与阀座密封面紧密贴合，阻止介质流通的一种阀门。开闭过程中摩擦力小，比较耐用，制造、维修方便，不仅适用于中低压，而且适用于高压。截止阀分为三类，直通式、直角式及直流式斜截止阀。

③ 蝶阀。也叫蝴蝶阀，其阀瓣是圆盘，围绕阀座内的一个轴旋转，旋角的大小，便是阀门的开闭度。蝶阀结构简单、轻巧、节省材料、开闭迅速。能够使用蝶阀的地方，最好不要使用闸阀，因为蝶阀比闸阀经济，而且调节性好。

④ 球阀。球阀的工作原理是靠旋转阀杆来使阀门畅通或闭塞。球阀开关轻便、体积小、密封可靠、结构简单、维修方便。

⑤ 旋塞阀。旋塞阀依靠旋塞体绕阀体中心线旋转，以达到开启与关闭的目的。它的作用是切断、分开和改变介质流向，具有结构简单、外形尺寸小等特点，但是开关费力，密封面容易磨损。

⑥ 止回阀。止回阀是依靠流体本身的力量自动启闭的阀门，作用是阻止介质倒流。水泵吸水管的吸水底阀是止回阀的变形，只是它的下端是开敞的，以便使水进入。

⑦ 减压阀。减压阀是将介质压力降低到一定数值的自动阀门，一般阀后压力要小于阀前压力的50%。

⑧ 疏水阀。疏水阀也叫阻汽排水阀、汽水阀、疏水器、回水盒、回水门等。它的作用是自动排泄不断产生的凝结水，不让蒸汽出来。当设备或管道中的凝结水在蒸汽压力推动下进入疏水阀，逐渐增多至接近灌满浮筒时，由于浮筒的重量超过了浮力而向下沉落，使节流阀开启，筒内的凝结水在蒸汽压力的作用下经导管和阀门排出。当浮筒内的凝结水接近排完时，浮筒的重量减轻而向上浮起，使节流阀关闭，浮筒内又开始积存凝结水。这样周期性地工作，既可自动排出凝结水，又能阻止蒸汽外逸。

⑨ 安全阀。装在承压容器上，当压力超过规定值时，能自动排除过剩压力，起保护设备作用。

⑩ 隔膜阀。阀门启闭靠一块耐腐蚀隔膜（橡胶或塑料），所以能用于腐蚀性介质。

⑪ 衬里阀。在阀体上衬一层耐腐蚀材料，如橡胶、搪瓷、铅等，可用于腐蚀性介质。水处理设备上常用的是衬胶隔膜阀，按操作动力来分，可分为手动衬胶隔膜阀和气动衬胶隔膜阀两种。目前的锅炉补给水处理装置一般采用程控操作，其阀门一般选用气动衬胶隔膜阀。

7.4 压缩空气系统的设计

7.4.1 水处理工艺对压缩空气的要求

水处理设备在运行过程中，需要使用压缩空气的地方很多，它们是：

① 自动化系统的气动元件、气动阀门和气动仪表；

② 过滤设备反冲洗；

③ 逆流再生离子交换器顶压用气；

④ 混床树脂混合；

⑤ 空气擦洗高速混床的树脂擦洗；

⑥ 其他，如废水处理装置搅拌、药液装卸与搅拌、塑料焊接等。

为了满足上述这些地方用气的需要，设置专门的化学水处理用压缩空气装置和系统是很必要的。目前常用的典型方法是：在某些设备附近（多是用气量较大、气压较低和气体质量要求不高的设备）设置罗茨鼓风机，就地供应压缩空气，如过滤设备、废水处理设备、空气擦洗高速混床等；而另外一些对气体质量、气压要求较高的设备，则设置空气压缩机站，集中供应（通常从全厂仪器用压缩空气系统接入），以满足其对气压、气体质量等方面的要求，如自动化系统、逆流再生树脂顶压、覆盖过滤器爆膜等。

水处理工艺对压缩空气的要求，主要是用气量、气压和气体质量三方面。

(1) 用气量

不同水处理工艺所需的压缩空气量是不同的。在设计中，对压缩空气设备选择必须逐项了解其用气量，然后得出总的耗气量（不是简单相加，因为各用气点、用气时间不是一致的），作为选择设备的依据。

(2) 气压

不同用气点对气压的要求是不同的，如逆流再生顶压用气，只要0.03～0.05MPa，而自动控制系统用气，则要0.4～0.5MPa，都应予以满足。另外，某些用气点要求气压稳定、波动小，则要设置稳压装置，如逆流再生顶压用气和混床树脂混合用气。

(3) 气体质量

自动化气动设备对气体质量的要求最高，要求气体经除尘、除油和干燥处理，而其他用气只要求经除油处理即可。自动化气动设备对气体质量的具体要求如下所述。

① 除尘。由于设备通径及管道通径较小，所以要防止堵塞，要求除去10μm以上的颗粒。

② 干燥。为防止气动元件和管道的锈蚀和冻结，以及为防止油质发生乳化，压缩空

气应当是干燥的，无水珠析出。具体要求气体露点要比环境最低温度低 5～10℃。

③ 除油。气动元件要求压缩空气中含油量不大于 $(10\sim15)\times10^{-6}$，某些自动化设备要求含油量小于 $(5\sim7)\times10^{-6}$，无油滴及油蒸气。

举例，某工程中水处理设备用气情况列于表 7-4 中。

表 7-4 水处理设备用气情况

设备	对气体质量要求	气压/MPa	用气持续时间/[min/(周期·台或套)]	单位用气量/[m^3/(min·m^2·套)](标况下)
气动阀（每套系统再生）	除油、除尘、干燥	0.4～0.5	240	0.2～0.3
过滤器反洗	除油	0.1	5	1.2
逆流再生顶压	除油	0.03～0.05	40	0.2～0.3
混床树脂混合	除油	0.1～0.15	0.5～1.5	2～3
高速混床空气擦洗	除油	0.05	40	3.3～4
中和搅拌池	无	0.1	0.5～1min/次	0.4～0.8

7.4.2 压缩空气系统举例

对就地供气的压缩空气系统，可根据用气流量和用气压力，选择相应的罗茨鼓风机。对集中供气的压缩空气系统，一般包括以下集中设备。

① 空气压缩机。空气压缩机（简称空压机）有油润滑和无油润滑两种。油润滑空压机出口空气中含油多；无油润滑空压机是采用自润滑的非金属材料构成润滑系统，所以出口空气中含油大大减少（但不是绝对没有）。目前多选用无油润滑空压机。

② 冷却器。冷却器是水冷却器，将空气压缩机出口空气温度从 150～160℃降至 40℃，再送入缓冲罐。在冷却时，气体中一部分水分和油雾可以凝结除去。

③ 缓冲罐。缓冲罐有三个作用：缓冲和稳定压力，沉降水珠和油滴，储备气体。其容量一般为空压机 10%的容量。

④ 干燥装置。干燥装置的作用是去除空气中的水分，采用的干燥剂有硅胶、铝胶、氯化钙、活性炭等。干燥剂在吸收水分后，再进行烘干可重复使用。按干燥剂再生方式的不同，干燥装置有多种，如有热再生干燥装置、无热再生干燥装置、微热再生干燥装置，还有冷冻除湿装置。

⑤ 过滤器。它的作用是去除尘埃和油雾。过滤材料有金属、纤维、纸质、毛毡等。过滤器是利用机械阻留原理进行过滤的。

⑥ 储气罐。它的作用是稳定各用气点的用气压力，所以一般都按用途不同设专用储气罐，如仪器仪表储气罐、工艺储气罐等。储气罐一般都设在用气点附近，也可集中设置，用不同压力的减压阀引出，供不同需要使用。

7.5 加药系统的设计

加药系统包括混凝剂、絮凝剂（助凝剂）系统，磷酸盐系统，给水加氨、联氨系统，反渗透前处理中的阻垢剂系统，还原剂系统等。加药系统主要由药品储存、溶解、稀释、计量、投药等部分组成。

① 储存和溶解。根据药品的性质不同，储存的方式也不同。固体药品有湿储存和干储存两种，湿储存用于用量大的场合，干储存用于用量小的场合，另外还要考虑药品湿态黏结性能及稳定性能；液体药品（如联氨、聚氯化铝等）只设浓溶液槽，兼作储存设备；气体药品（如氨等）浓溶液槽可以不设，直接配制稀溶液。固体药品的溶解方式有压缩空气搅拌、泵循环搅拌及机械叶轮搅拌 3 种。磷酸盐系统有时还设过滤器，以滤去机械杂质。

② 稀释、计量与投药。稀释是在稀溶液箱中直接进行。稀释用水有两种：对炉水和给水加药系统用除盐水；预处理系统加药用过滤水，反渗透系统加药可用过滤水或自身设备的出水。目前常用的投药设备有柱塞泵、隔膜泵、胶囊计量器等。为防止药液中杂质的危害，投药设备进口常设有滤网。

常见的加药系统如图 7-3 所示：

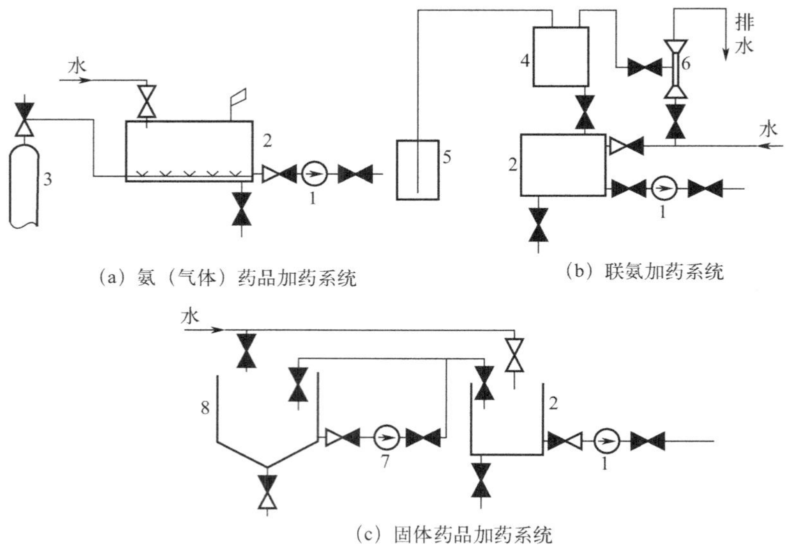

图 7-3 常见的加药系统

1—柱塞泵；2—稀溶液箱；3—液氨钢瓶；4—浓溶液箱；5—工业联氨箱；6—喷射器；7—泵；8—溶解槽

7.6 自用水系统的设计

自用水是水处理系统在运转过程中自身消耗的水。如交换器再生、正洗、反洗用水，树脂输送用水，超（微）滤装置的反冲洗用水，各种配药用水，过滤器反洗用水，酸雾吸收器用水等。不同的自用水要求的水质不同，取用方式也不同，有的需设专门的自用水管道供应，有的则取自最近管道。一般来说，可从如下几方面考虑。

① 过滤器反洗用水，酸雾吸收器用水，混凝剂、絮凝剂、还原剂、阻垢剂配药用水，各种冲洗用水，都采用生水（如过滤器出水），可从就近的生水管道直接取用。

② 交换器正洗水，一般采用逐级自用的方法，即阳离子交换器用本身进口的生水、阴离子交换器用中间水箱水、混床用阴离子交换器出水。交换器反洗水，可以逐级自用，但一般为了稳定反洗水压头，设置专用反洗水泵（或自用水泵）集中供应反洗水，水取自除盐水箱（或自用水箱）。交换器配再生剂用水，顺流再生时阳离子交换床可用生水，阴离子交换床用中间水箱水或除盐水，但对流再生一定要用除盐水。为了稳定喷射器进口压力，一般都设再生专用泵（或自用水泵），水取自除盐水箱（自用水箱）。自用水量较大时，一般可设单独的自用水箱。

③ 补给水处理系统的树脂输送，不带混床的系统，阳离子交换树脂可用生水，但带混床的系统，则全部用除盐水，水由自用水系统供给。

④ 锅炉内加药系统、给水加药系统用水全部为除盐水或凝结水，可以由自用水系统供给，也可以取自就近的凝结水（除盐水）管路。

⑤ 凝结水处理系统自用水全部为除盐水或凝结水，可以设专用的凝结水处理自用水泵。

⑥ 超（微）滤装置反冲洗用水使用本身的出水，从产水水箱中取用。

⑦ 各自用水泵（如再生专用泵、反洗水泵、凝结水处理自用水泵等）不设检修备用，可以互为备用。自用水管道可以单独铺设，也可以设自用水母管。

第8章 水质净化系统的技术经济比较

前面讲述了如何从技术观点进行水质净化系统的选择。在实际设计中，会发现符合技术要求的水质净化系统往往不止一个，那么如何对这些水质净化系统做最后的选择，其方法就是通过技术经济比较，找出技术先进、运行安全可靠、经济合理的系统。前者称为技术比较，后者称为经济比较。

技术经济比较是水质净化系统设计中关键的一步，因为这一步直接决定了将来系统运行的可靠性和经济性。经济性不好的系统是不能被接受的。

8.1 水质净化系统的技术比较

技术比较是首先从技术上筛选系统，要考虑如下几个方面：

① 技术上是否先进，是否与当前实际技术水平相适应，换句话说，就是既要先进又不能脱离当时当地的具体技术条件；

② 出水水质及对机炉安全经济运行的影响；

③ 系统运行可靠性如何；

④ 设备本身的可靠性及维护工作量；

⑤ 工作条件、劳动强度及安全保障；

⑥ 设备、材料、药品的供应能否满足；

⑦ 其他。

根据上述诸方面，对可供选择的系统进行比较，就可以筛去一部分系统。比较时，如果各系统间技术差距较大，筛选则可以很容易地进行，留下1个、2个或3个合乎要求的系统，待进行经济比较后选择其一。应当说明：留下参加经济比较的系统应是技术条件方面基本相似的系统，主要是指出力相同或相似、出水品质相同或相似、操作条件相当等。技术条件相差悬殊的系统，不能放到经济比较中决定取舍，而应当在技术比较中决定取舍，否则就有可能得出某些错误的结论。例如补给水处理中的反渗透使用，原来从经济方面考虑，只能在原水含盐量较高（例如 700mg/L 以上）时才能使用，在含盐量小于 700mg/L 时，还要进行经济比较才能确定，而目前在很多低含盐量原水，甚至高压、超高压机组中都在使用，这主要是技术因素决定的。与离子交换除盐系统相比，膜处理虽然投资费用和膜年更换费用高，但它具有无酸碱排放、操作人员少、自动化程度高、出水有机物含量低等优点。再比如对某些中高压凝汽式机组，从蒸汽品质来看，软化系统和除盐系统都可能合乎要求，其中软化系统经济性好，若让其参加经济比较，则肯定其为首选；但软化系统带来的炉水运行工况却比除盐系统差得多。所以，筛去这些系统方案不应通过经济比较的办法，而应在技术比较中就决定取舍。

技术比较一般可以和系统选择一起进行。

8.2　经济指标的计算

经济指标包括投资费用和年运行费用两部分。投资费用是以最大出力（最不利情况）时确定的系统设备进行计算；年运行费用是按平均水质、正常出力和年运行 7000h 进行计算。在进行经济比较时，由于还没有编制所有系统的概算，所以可采取简化方式进行比较。

投资费用包括设备及安装费、树脂及填料费、仪表及自动化设备费等。年运行费用包括药品费、水费、热费、电费、树脂补充费、膜更换费、折旧维修费、人工费等。这两部分费用可按表 8-1 中各项逐项进行计算。

表 8-1　经济指标计算

<table>
<tr><td colspan="3" rowspan="2">项目</td><td rowspan="2">说明</td><td colspan="2">方案Ⅰ</td><td colspan="2">方案Ⅱ</td></tr>
<tr><td>费用/万元</td><td>比例/%</td><td>费用/万元</td><td>比例/%</td></tr>
<tr><td rowspan="10">投资费用</td><td rowspan="5">设备及安装费</td><td>土建费</td><td>包括厂房及各种混凝土设施（如水箱等）</td><td></td><td></td><td></td><td></td></tr>
<tr><td>设备费</td><td>按设备明细表逐项计算</td><td></td><td></td><td></td><td></td></tr>
<tr><td>设备安装费</td><td></td><td></td><td></td><td></td><td></td></tr>
<tr><td>管道及安装费</td><td></td><td></td><td></td><td></td><td></td></tr>
<tr><td>运杂费、机器不可预见费</td><td></td><td></td><td></td><td></td><td></td></tr>
<tr><td rowspan="5">树脂及填料费</td><td>膜及树脂费</td><td>按设计数量计算</td><td></td><td></td><td></td><td></td></tr>
<tr><td>填料费</td><td>按设计数量计算</td><td></td><td></td><td></td><td></td></tr>
<tr><td>树脂备用费</td><td>以树脂用量 20%计</td><td></td><td></td><td></td><td></td></tr>
<tr><td>填料备用费</td><td>以树脂用量 20%计</td><td></td><td></td><td></td><td></td></tr>
<tr><td>运杂费</td><td></td><td></td><td></td><td></td><td></td></tr>
</table>

续表

项目		说明	方案Ⅰ		方案Ⅱ	
			费用/万元	比例/%	费用/万元	比例/%
投资费用	仪表及自动化设备费	按设计逐项计算				
	其他					
	总投资费 K	上述各项之和				
	单价/(元/m^3 水)	K÷系统设计出力				
年运行费用	药品费	按酸、碱、盐等年耗量计算				
	水费	按处理水量加自用水量计算				
	热费	按年耗热量计算				
	电费					
	树脂补充费，膜更换费	按规定取值计算				
	折旧维修费	按规定取值计算				
	人工费	按计划的定员数计算				
	其他					
	年总运行费 S	上述各项之和				
	单价/(元/m^3 水)	S÷正常出力下年制水量				

对表 8-1 中还有一些问题予以说明。

① 费用的计算方法及其价格可参照《电力建设工程定额和费用计算规定（2018 年版）》中有关规定进行。

② 为了简化某些费用的计算，本设计中：

a. 设备安装费可按下列数据近似取值，软化系统为设备费的 5%～10%，除盐系统为设备费的 10%～15%；

b. 管道费及管道安装费可近似取设备费及设备安装费总和的 13%；

c. 设备及安装费中的运杂费和不可预见费可按管道及其安装费的 13%取值；

d. 膜、树脂及填料的运杂费可按其备用量费用的 8%取值。

③ 运行中树脂和膜耗损补充费，可按下列年损耗率取值计算。

a. 固定床系统：磺化煤 10%，强酸阳离子交换树脂 5%，强碱阴离子交换树脂 10%～15%。

b. 移动床系统：强酸阳离子交换树脂 15%，强碱阴离子交换树脂 30%。

c. 凝结水处理：强酸阳离子交换树脂 5%，强碱阴离子交换树脂 10%。

d. 膜处理时各种膜：按三年更换一次计算。

④ 折旧维修费按表 8-2 中的规定取值。

表 8-2　折旧维修费

项目	使用年限/年	残值/%	折旧率/%			维修及小修率/%	折旧维修率/%
			基本折扣	大修折扣	年折扣		
房屋、砖石、混凝土结构	40	4	2.4	1.0	3.4	1.6	5
发电及供热设备	25	5	3.8	2.0	5.8	2.2	8
用电设备	15	5	6.3	2.0	8.3	—	—

⑤ 电费包括照明用电、电热用电、电动机用电等。对连续工作的电动机，负荷系数取 0.75，不经常工作的电动机及其他用电设备可不予计入。照明设备可近似取 $10W/m^2$，平均照明时间，一般取每天 10h，用时率取 80%。

8.3　经济指标的比较

经济指标的比较即将参加比较的诸系统，计算出各自的投资费用和年运行费用进行比较。

① 直接比较法。如有两个方案进行经济比较的系统，第一个方案的投资费用 K_1、年运行费用 S_1，第二个方案的投资费用 K_2、年运行费用 S_2，如果 $K_1<K_2$、$S_1<S_2$，显然第一个方案经济上优越，可以将第二个方案淘汰。

进行直接比较的项目，除了上述的投资费用和年运行费用之外，有时还有一些参考项目，如主要材料（钢材、水泥、树脂、占用土地等）的耗用量等。

② 综合指标比较法。如果上述两个方案比较结果是 $K_1<K_2$、$S_1>S_2$，则此时就不能利用上面的直接比较法，而要设计一个综合指标，来反应各方案不同投资费用和运行费用所带来的经济效益，作为相互比较的依据。这就是综合指标比较法。综合指标比较法有以下几种。

a. 偿还年限法（或折返年限法）。该方法是指当 $K_1>K_2$，且 $S_1<S_2$ 时，第一方案追加的投资值（K_1-K_2）可以用运行费用节省带来的收益（S_2-S_1）来偿还，其偿还年限 T 为

$$T=\left|\frac{K_1-K_2}{S_2-S_1}\right|=\frac{\Delta K}{\Delta S}\text{（年）}$$

将 T 值与国家规定的标准偿还年限 T_b 相比：

$T<T_b$，取投资费用大、运行费用低的方案；

$T>T_b$，取投资费用小、运行费用高的方案；

$T=T_b$，两个方案经济效益相当，再从其他指标进行比较，决定取舍。

T_b 值目前尚无统一规定，不同行业所用 T_b 值也不同，水处理设计中常用的 T_b 值是 6～7 年。

b. 回收系数法。回收系数是指第一方案追加投资值（K_1-K_2）用所带来的经济收益

(S_2-S_1) 偿还时，每年可以偿还的分率，所以回收系数 E 为偿还年限 T 的倒数，即

$$E=\left|\frac{S_2-S_1}{K_1-K_2}\right|=\frac{\Delta S}{\Delta K}=\frac{1}{T}$$

将求得的 E 与国家规定的标准回收系数 E_b 相比：

$E>E_b$，取投资费用大、运行费用低的方案；

$E<E_b$，取投资费用小、运行费用高的方案；

$E=E_b$，两方案经济效益相当，再从其他指标进行比较，决定取舍。

E_b 值目前也无统一规定，水处理设计中常用的 E_b 值是 0.15。

c. 折算费用法。为了更直观地比较方案的优越性，可将投资费用及年运行费用按一定比例进行折算，直接比较各方案的折算费用，低者为经济上优越者。年折算费用 W 为

$$W=S+E_bK(\text{万元}/\text{年})$$

或

$$W=K+ST_b(\text{万元})$$

③ 分期建设时的系统方案经济比较。分期建设的情况比较复杂，分期建设有的采取二期建成，有的采取三期建成，也有的先建成后投产（机炉扩建不同步），还有的分期建设分期投产（机炉扩建同步），以致部分先建成后投产，所以其方案的经济比较也应分不同情况进行。一般的做法是：将费用换算到某一指定年份，然后再进行比较。

先以最简单的二期分期施工、分期投产为例，说明其经济比较方法。

首先计算年折算费用 W：

$$W=(K_1+\beta K_1')+S'T_b$$

其中，

$$\beta=\frac{1}{(1+E_b)^t}$$

$$S'=\frac{S_1t+S_1'T_b}{t+T_b}$$

式中 K_1——一期建设时的投资额；

K_1'——二期建设时的投资额；

β——二期投资的远期折算系数；

S'——二期工程建成投产后的年均运行费用；

S_1——一期建成投产后年运行费用；

S_1'——二期建成投产后年运行费用；

t——一期与二期投资间的间隔年限。

所以

$$W=\left[K_1+\frac{K_1'}{(1+E_b)^t}\right]+\frac{S_1t+S_1'T_b}{t+T_b}\times T_b$$

这样，对不同系统方案的年折算费用 W 进行比较，W 值低的为经济上优越者。

8.4 经济技术比较实例

中核某 1400MW 核电厂水处理系统设计的主要设备和设施参数如表 8-3，通过经济核

算得知最终所需总投资为 578.5 万元。

表 8-3　主要设备和设施参数表

序号	设备名称	型号及规范	单位	数量	总投资/万元
1	机械搅拌澄清池	S774（一），$Q=200m^3/h$	台	3	15
2	清水箱	定型，$V=500m^3$	台	2	1.6
3	水泵	6DA-8×2 型，$Q=200m^3/h$	台	7	3.5
4	无阀滤池	S775（五）型，$Q=160m^3/h$	台	3	12
5	活性炭过滤器	河南九冠，$d=3800mm$	台	2	10
6	超滤装置	SFP-2660 型柱式超滤膜	套	3	216
7	超滤水箱	定型，$V=300m^3$	台	3	1.2
8	保安过滤器	宝纳 304 保安过滤器	台	2	2
9	一级反渗透	SW30ULE-440（obsolete 9/2019）膜元件	支	186	93
10	二级反渗透	Eco Pro-440 膜元件	支	150	75
11	反渗透水箱	定型，$V=300m^3$（一级），$V=300m^3$（二级）	台	6	2.4
12	除碳器	TF160・160～400 型，$Q=74m^3/h$	台	3	1.8
13	EDI 设备	IPLXM30X-1 型号膜块	套	2	144
14	除盐水箱	定型，$V=500m^3$	台	2	1.0
合计					578.5

本次设计相较于传统的离子交换法初期投资较高，虽然初期投资可能较高，但长期来看，由于减少了化学品使用和降低了操作复杂性，总体运营成本可能较低。运行成本较低，主要是因为全膜法过程中无需使用大量化学药品，减少了化学药品购买和废水处理的开销。尽管能耗较高，特别是在反渗透环节，但整体运行成本可能低于离子交换法，特别是在核电厂的大规模应用中。“全膜法”初期投资通常较高，这是由于膜组件、高压泵等设备的成本，以及可能需要更复杂的控制系统来维持膜系统的稳定运行。然而，随着膜技术的进步和规模化生产，这一差距正在缩小。

全膜法在初期投资上可能更高，但较低的运行成本和维护费用，以及环保优势，使其在长期内更具有成本效益。

第9章 系统图和设备布置图

9.1 水质净化系统工艺流程图

水质净化系统的典型工艺流程如图 9-1 所示。

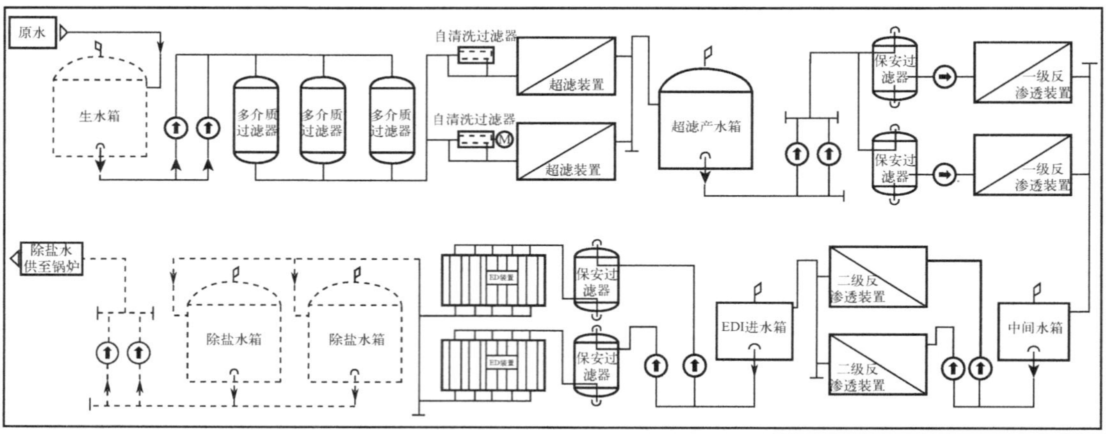

图 9-1 水质净化系统的典型工艺流程图

9.2 水质净化系统的平面布置图

水质净化系统的平面布置如图 9-2 所示。

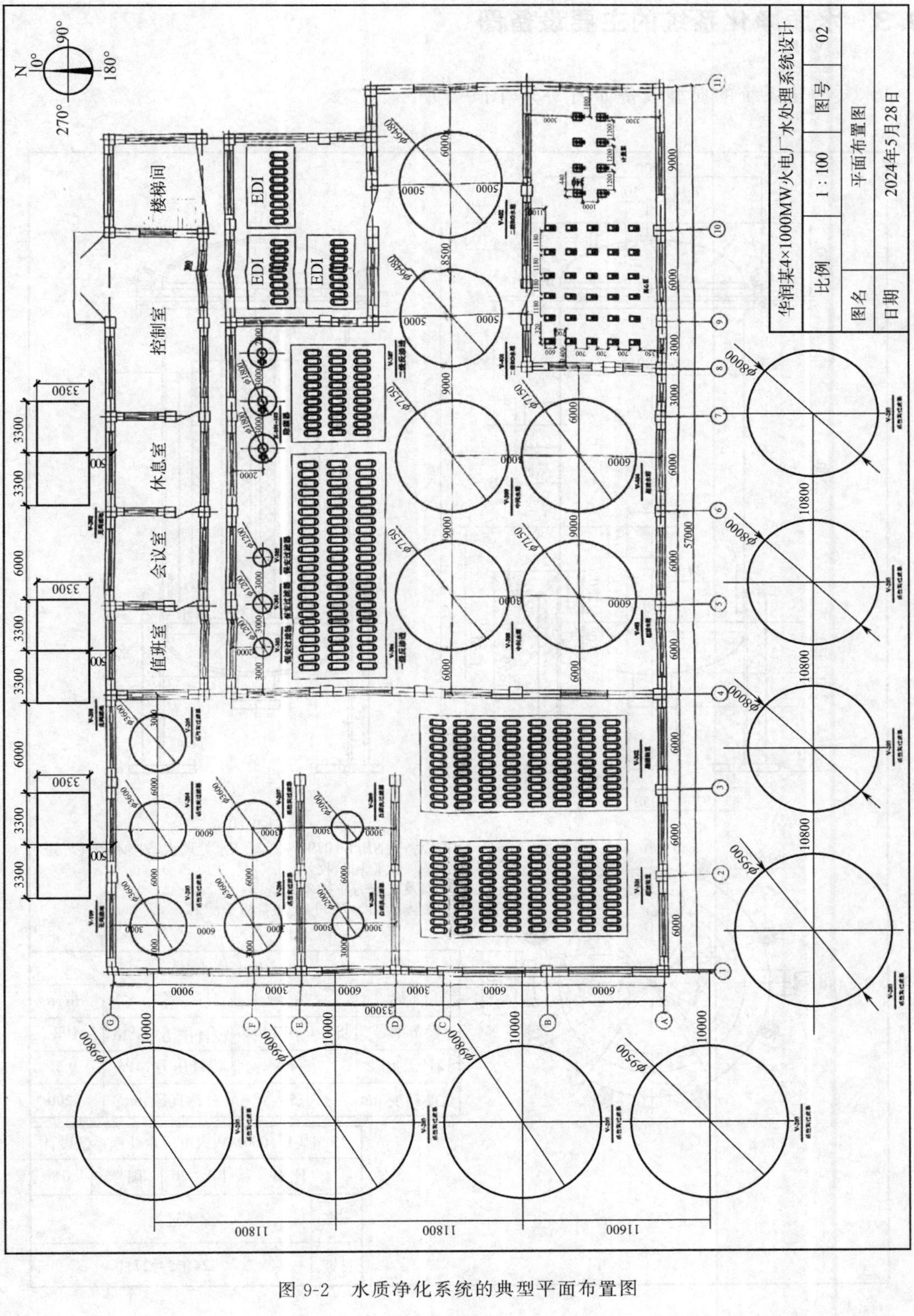

图 9-2　水质净化系统的典型平面布置图

9.3 水质净化系统的主要设备图

水质净化系统的典型设备如图 9-3、图 9-4 所示。

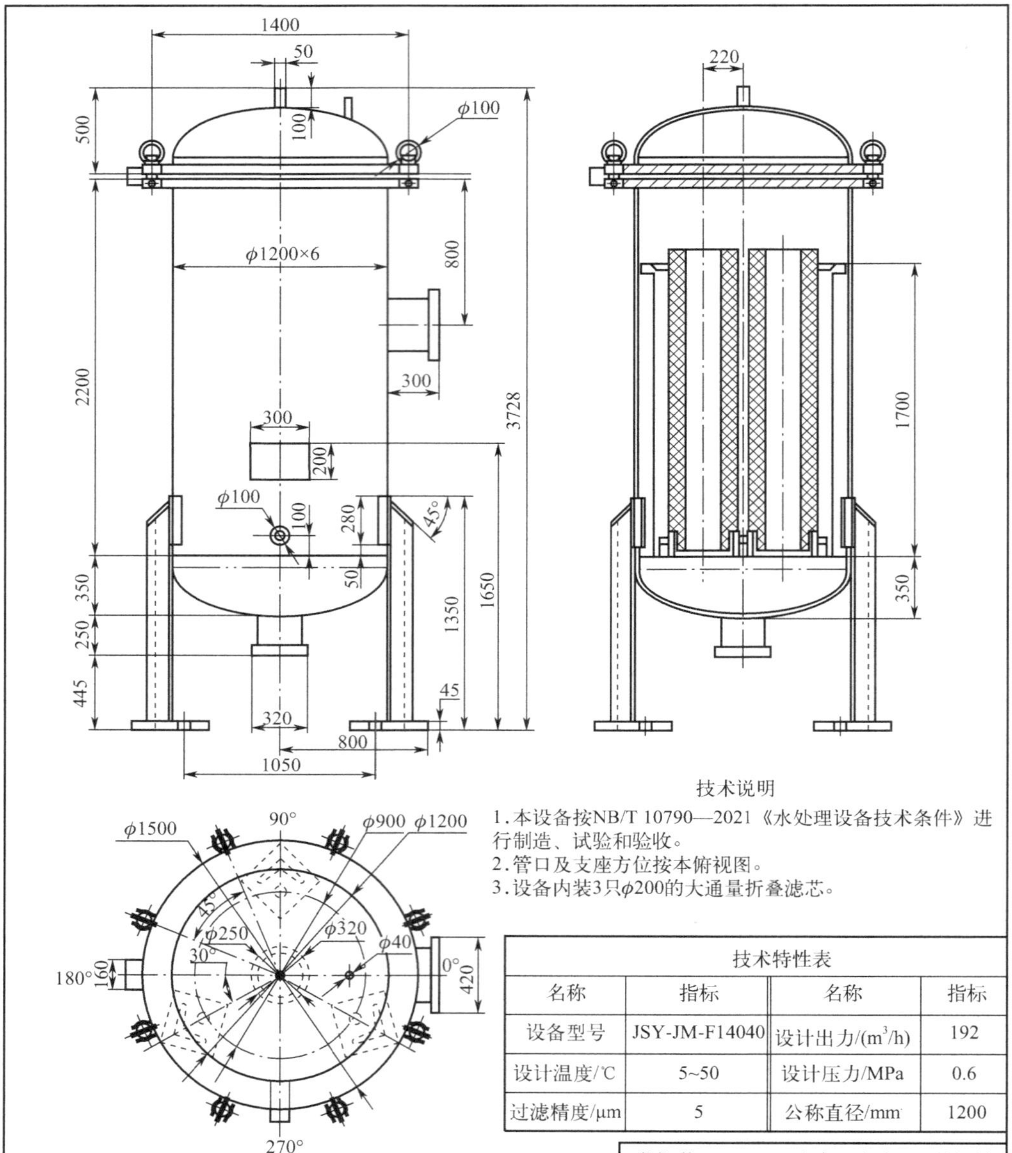

技术说明

1.本设备按NB/T 10790—2021《水处理设备技术条件》进行制造、试验和验收。
2.管口及支座方位按本俯视图。
3.设备内装3只φ200的大通量折叠滤芯。

技术特性表

名称	指标	名称	指标
设备型号	JSY-JM-F14040	设计出力/(m^3/h)	192
设计温度/℃	5~50	设计压力/MPa	0.6
过滤精度/μm	5	公称直径/mm	1200

华润某4×1000MW火电厂水处理系统设计			
比例	1：20	图号	04
图名	保安过滤器		
日期	2024年5月27日		

图 9-3 保安过滤器设备图

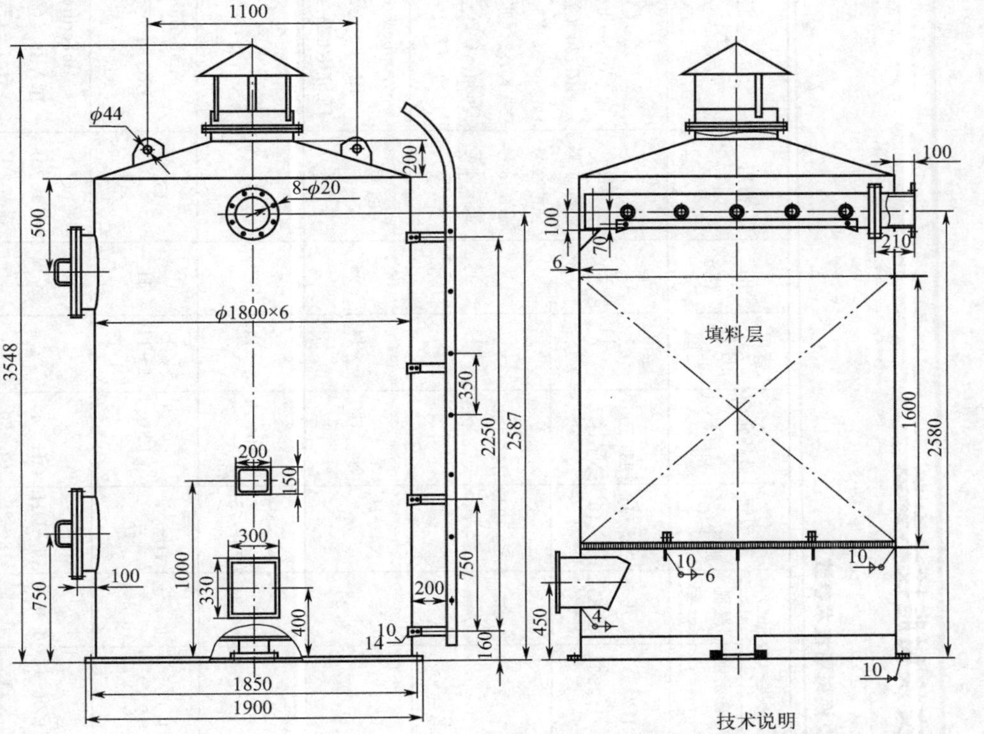

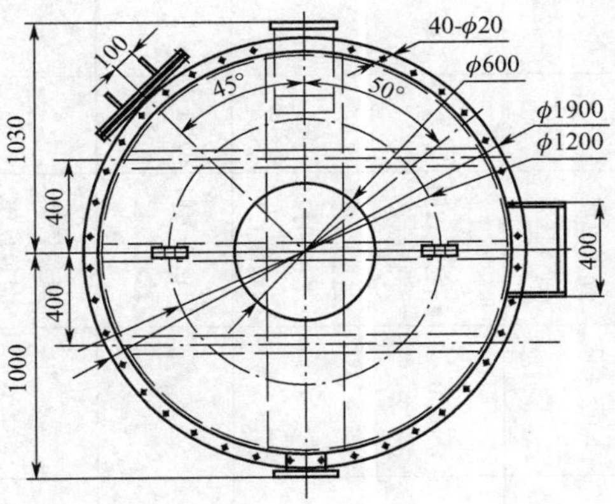

技术说明

1.本设备依据《水处理设备技术条件》规范进行制造和检验；

2.经过处理后，水中残留的二氧化碳含量小于5mg/L；

3.设备内装填φ50塑料多面空心球。

技术特性表

名称	指标	名称	指标
设备型号	HB•CH	填料容积/m^3	4.05
公称直径/mm	1800	出力/(m^3/h)	152
配用风机型号	CQ21-J	设备外径/mm	1812
填料层高/mm	1600	空气耗量/(m^3/h)	3036~4554

华润某4×1000MW火电厂水处理系统设计			
比例	1 : 20	图号	05
图名	除碳器		
日期	2024年5月27日		

图 9-4　除碳器设备图

附　录

附录一　常用离子交换树脂技术参数

附表 1　常用离子交换树脂技术参数

型号	树脂名称	功能基团	全交换容量(以干树脂计)/(mmol/g)	外观颜色及形态	粒径范围/mm	水分/%	密度/(g/cm^3)		转型膨胀率/%	最高允许温度/℃	适用pH值范围	出厂型态	曾用型号	国外参照产品
							湿真密度(20℃)	湿视密度						
001×7	苯乙烯系强酸阳离子交换树脂	$—SO_3H$	4.2	棕黄色至棕褐色球状颗粒	0.3～1.2	45～55	1.23～1.28	0.75～0.85	Na→H 8～10	H 100 Na 120	0～14	Na	732 强酸 1 号 强酸 2 号 强酸 3 号 强酸 4 号	Amberlite IR-120（美） Dowex 50-X8（美） KY-2（苏） Duolite C 20（法）
001×7	苯乙烯系强酸阳离子交换树脂（大颗粒）	$—SO_3H$	4.0～4.2	棕黄色至棕褐色球状颗粒	0.6～1.2	40～45	1.27～1.30	0.85～0.90	Na→H 8～10	H 100 Na 120	0～14	Na		
D 001	大孔苯乙烯系强酸阳离子交换树脂	$—SO_3H$	4.0	灰褐色至深棕色不透明球状颗粒	0.3～1.2	50～55	1.23～1.27	0.75～0.85	Na→H 8～10	Na 120	0～14	Na	61 号 72 号	Amberlite IR-200（美） Duolite C26（法）
111	丙烯酸系弱酸阳离子交换树脂	—COOH	≥12.0	近乳白色半透明球状颗粒	0.3～1.2	50～60	1.10～1.15	0.7～0.8	H→Na 70～75	100	4～14	H	110	
D 111	大孔丙烯酸系弱酸阳离子交换树脂	—COOH	9.0	白色不透明球状颗粒	0.25～1.0	40～45	1.17～1.19	0.7～0.85	H→Na 70	100	4～14	H	151 111	Amberlite IRC-84（美） KB-4（苏）
201×7	苯乙烯系季胺Ⅰ型强碱阴离子交换树脂	$—N(CH_3)_3$	3.0	淡黄色至金黄色球状颗粒	0.3～1.2	40～50	1.06～1.11	0.65～0.75	Cl→OH 18～22	OH 40 Cl 80	1～14	Cl	717 强碱 201 强碱 2 号 强碱 4 号	Amberlite IRA-400（美） AB-17（苏） Diaion SA-10A（日）

续表

型号	树脂名称	功能基团	全交换容量(以干树脂计)/(mmol/g)	外观颜色及形态	粒径范围/mm	水分/%	密度/(g/cm³) 湿真密度(20℃)	湿视密度	转型膨胀率/%	最高允许温度/℃	适用pH值范围	出厂型态	曾用型号	国外参照产品
201×4	苯乙烯系季胺Ⅰ型强碱阴离子交换树脂	$—N(CH_3)_3$	3.6	淡黄色至金黄色球状颗粒	0.3～1.2	55～65	1.04～1.06	0.6～0.7	Cl→OH 25～30	OH 40 Cl 80	1～14	Cl	711	Amberlite IRA-401（美） Diaion SA-11A（日）
213	丙烯酸系强碱阴离子交换树脂	$—N(CH_3)_3$	≥4.3	乳白色球状颗粒	0.3～1.2	54～64	1.05～1.1	0.68～0.75	Cl→OH 18		1～14	Cl		
202×7	苯乙烯系季胺Ⅱ型强碱阴离子交换树脂	$—N(CH_3)_2(C_2H_4OH)$	3.3	淡黄色	0.3～1.2	40～50	～1.13	0.66～0.72	Cl→OH 15～20	50	1～14	Cl		
D 201	大孔苯乙烯季胺Ⅱ型强碱阴离子交换树脂	$—N(CH_3)_2$	3	乳白色至淡黄色不透明球状颗粒	0.3～1.2	50～60	1.05～1.10	0.65～0.75	Cl→OH 约8	OH 40 Cl 80	0～14	Cl	DK251 290	Amberlite IRA-900（美） Duolite A-161（法）
D 202	大孔苯乙烯季胺Ⅱ型强碱阴离子交换树脂	$—N(CH_3)_2(C_2H_4OH)$	3.3	淡黄色至金黄色球状颗粒	0.3～1.2	50～60	1.06～1.10	0.65～0.75	Cl→OH 6～9		1～14	Cl	763，Ⅱ型多孔树脂	Amberlite IR A-910（美）
301×2	苯乙烯系弱碱阴离子交换树脂	$—N(CH_3)_2$	5	淡黄色球状颗粒	0.3～1.2	45～55	～1.10	0.65～0.75	Cl→OH 约15		1～9	Cl	301	
D 301	大孔苯乙烯系弱碱阴离子交换树脂	$—N(CH_3)_2$	4.0	乳白色至淡黄色不透明球状颗粒	0.3～1.2	50～60	1.05～1.12	0.66～0.71	OH→Cl 15～20	OH 40 Cl 80	1～9	游离碱	D 351 D 370 D 354	Amberlite IRA-93（美） Amberlite IRA-94（美）

续表

型号	树脂名称	功能基团	全交换容量(以干树脂计)/(mmol/g)	外观颜色及形态	粒径范围/mm	水分/%	密度/(g/cm^3)		转型膨胀率/%	最高允许温度/℃	适用pH值范围	出厂型态	曾用型号	国外参照产品
							湿真密度(20℃)	湿视密度						
D 311	大孔丙烯酸系弱碱阴离子交换树脂	$—N(CH_3)_2$	6.5	乳黄色不透明球状颗粒	0.3～1.2	52～62	1.07～1.11	0.7～0.8	OH→Cl 约 11		1～9	游离碱	703	
DOWEX 650C	苯乙烯系凝胶型强酸阳离子交换树脂	$—SO_3$	体交 ≥2mol/L		0.65±0.05	46～51		0.784		120		H		陶氏产品，均粒树脂
DOWEX 550A	苯乙烯系凝胶强碱Ⅰ型阴离子交换树脂	$—N(CH_3)_3$	体交 ≥1.1mol/L		0.59±0.05	55～65		0.640		60		OH		陶氏产品，均粒树脂
Amberjet 1500H	苯乙烯系凝胶型强酸阳离子交换树脂	$—SO_3$	体交 ≥2mol/L	深琥珀色球	0.65±0.05	45～51	1.28～1.32	0.82	Na→H 10			H		罗门哈斯产品，均粒树脂
Amberjet 4400 Cl	苯乙烯系凝胶型Ⅰ型强碱阴离子交换树脂	$—N(CH)_3$	体交 ≥1.4mol/L	浅琥珀色球	0.58±0.05	40～48	1.075～1.1	0.73	Cl→OH 30	60		Cl		罗门哈斯产品，均粒树脂
Amberjet 2800H	苯乙烯系大孔型强酸阳离子交换树脂	$—SO_3$	体交 ≥1.7mol/L	浅棕色球	0.55～0.85	52～58		0.78		120		H		罗门哈斯产品
Amberjet 9800Cl	苯乙烯系大孔Ⅰ型强碱阴离子交换树脂	$—N(CH_3)_3$	体交 ≥1mol/L	浅白色球	0.55～0.75	57～64		0.7		60		Cl		罗门哈斯产品
Amberjet 1600H	苯乙烯系凝胶型强酸阳离子交换树脂	$—SO_3$	体交 ≥2.4mol/L	黑琥珀色球	0.6～0.7	37～43		0.84				H		罗门哈斯产品，均粒树脂

续表

型号	树脂名称	功能基团	全交换容量(以干树脂计)/(mmol/g)	外观颜色及形态	粒径范围/mm	水分/%	密度/(g/cm^3)		转型膨胀率/%	最高允许温度/℃	适用pH值范围	出厂型态	曾用型号	国外参照产品
							湿真密度(20℃)	湿视密度						
Amberjet 9000 OH	苯乙烯大孔Ⅰ型强碱阴离子交换树脂	$—N(CH_3)_3$	体交≥0.8mol/L	粉白色球	0.58～0.7	66～75		0.66						罗门哈斯产品，均粒大孔
Microionex MB200	粉末状阳阴离子交换混合树脂		阳≥4.8 阴≥3.8			53～58				60～100		H/OH		罗门哈斯产品，阳、阴各50%
Microionex MB 400	粉末状阳阴离子交换混合树脂		阳≥4.8 阴≥3.5			53～58				60～100		H/OH		罗门哈斯产品，阳75%阴25%
Microionex MB250 NH_4	粉末状阳阴离子交换混合树脂		阳≥4.8 阴≥3.8			48～53				60～100		NH_4/OH		罗门哈斯产品，阳为铵型66%，阴34%
	核子级苯乙烯系强酸阳离子交换树脂	$—SO_3H$	4.5	黄褐色	0.6～1.0	55～60		0.75～0.85		120		H		
	核子级苯乙烯系强碱阴离子交换树脂	$—N(CH_3)_3$	3.0	淡黄色	0.3～1.2	50～55		0.5～0.75		60		Cl		

注：表中的型号一栏列出的是树脂通用型号，水处理中还有一些专用树脂，其型号表示如下：

双层床专用树脂为表中通用型号后加 SC；

浮动床专用树脂为表中通用型号后加 FC；

混合床专用树脂为表中通用型号后加 MB；

三层床专用树脂为表中通用型号后加 TR；

浮动床用惰性树脂（白球）为 FB；

压脂层用惰性树脂（白球）为 YB；

三层床用惰性树脂为 S-TR。

附录二　离子交换器设计参数

附表 2　顺流再生离子交换器

项目		混合离子交换器		钠离子交换器	Ⅱ级钠离子交换器	弱酸阳离子交换器		弱碱阴离子交换器	强酸阳离子交换器		强碱阴离子交换器
运行滤速/(m/h)		40～60		20～30	≤60	20～30		20～30	20～30		
反洗	流速/(m/h)	10		15	15	15		5～8	15		
	时间/min	15		15	15	15		15～30	15		
再生	药剂	HCl	NaOH	NaCl	NaCl	H_2SO_4	HCl	NaOH	H_2SO_4	HCl	NaOH
	耗量/(g/mol)	$80kg/m^3$ (R)	$100kg/m^3$ (R)	100～120	400	60	40	40～50	100～150	70～80	100～120
	浓度/%	5	4	5～8	5～8	1	2～2.5	2		2～4	2～3
	流速/(m/h)	5	5	4～6	4～6	>10	4～5	4～5		4～6	4～6
置换	时间/min					20～40		40～60	25～30		25～40
	流速/(m/h)	4～6		5	5	4～6		4～6			
正洗	水耗［树脂(R)］/(m^3/m^3)			3～6		2～2.5		2.5～5	5～6		10～12
	流速/(m/h)			15～20	20～30	15～20		10～20	12		10～15
	时间/min			30		10～20		25～30	30		60
工作交换容量(R)/(mol/m^3)				900～1000		1800～2300		800～1200	500～650	800～1000	250～300
其他		正洗前用空气混合，空气压力0.098～0.147MPa，空气量$2～3m^3/(m^2 \cdot min)$，混合时间0.5～1min									

注：1. 运行滤速上限为短时最大值（后同）。

2. 硫酸分步再生时的浓度、酸量的分配和再生流速，可视原水中钙离子含量占总阳离子含量比例的不同，经计算或试验确定。当采用两步再生时：第一步浓度0.8%～1%，再生剂用量不要超过总量的40%，流速7～10m/h；第二步浓度2%～3%，再生剂用量为总量的60%左右，流速5～7m/h。采用三步再生时：第一步浓度0.8%～1%，流速8～10m/h；第二步浓度2%～4%，流速5～7m/h；第三步浓度4%～6%，流速4～6m/h，第一步用酸量为总用酸量的1/3。

3. 离子交换树脂的工作交换容量，可根据厂家提供的资料确定，没有资料时，可参考本表数据。

附表 3 逆流再生离子交换器

项目		强酸阳离子交换器		强碱阴离子交换器	钠离子交换器
运行滤速/(m/h)		20～30		20～30	20～30
小反洗	流速/(m/h)	5～10		5～10	5～10
	时间/min	15		15	3～5
放水		至树脂层之上		至树脂层之上	至树脂层之上
	无顶压	—		—	—
	气顶压/MPa	0.03～0.05		0.03～0.05	0.03～0.05
	水顶压/MPa	0.05 流量为再生流量的 0.4～1		0.05 流量为再生流量的 0.4～1	0.05 流量为再生流量的 0.4～1
再生	药剂	H_2SO_4	HCl	NaOH	NaCl
	耗量/(g/mol)	≤70	50～55	60～65	80～100
	浓度/%	注 4	1.5～3	1～3	5～8
	流速/(m/h)		≤5	≤5	≤5
置换（逆洗）	流速/(m/h)	8～10	≤5	≤5	≤5
	时间/min	30		30	—
小正流	流速/(m/h)	10～15		7～10	10～15
	时间/min	5～10		5～10	5～10
正洗	流速/(m/h)	10～15		10～15	15～20
	水耗/(m^3/m^3)	1～3		1～3	3～6
工作交换容量（R）/(mol/m^3)		500～650	800～900	250～300	800～900
出水质量		Na^+<50μg/L		SiO_2<100μg/L	—

注：1. 大反洗的间隔时间与进水浊度、周期制水量等因素有关，一般 10～20 天进行一次。大反洗后可视具体情况增加再生剂量 50%～100%。

2. 顶压空气量以上部空间体积计算，一般为 0.2～0.3$m^3/(m^3 \cdot min)$；压缩空气应有稳压装置。

3. 为防止再生乱层，应避免再生液将空气带入离子交换器。

4. 硫酸分步再生时的浓度、酸量分配和再生流速，可视原水中钙离子含量占总阳离子的比例不同，经计算或试验确定。分步再生数据可参考附表 2 的注 2。

5. 再生、置换（逆洗）应用水质较好的水，如阳离子交换器用除盐水、氢型阳床出水或软化水，阴离子交换器用除盐水。

6. 进再生液时间不宜过短，宜达到 30min，如时间过短，可降低再生液流速或适当增加再生剂量。

附表 4　对流再生离子交换器（浮动床）

项目		强酸阳离子交换器		强碱阴离子交换器	钠离子交换器
运行滤速/(m/h)		30～50		30～50	30～50
再生	药剂	H_2SO_4	HCl	NaOH	NaCl
	耗量/(g/mol)	55～65	40～50	60	80～100
	浓度/%	见附表 2 中注 2	1.5～3	0.5～2	5～8
	流速/(m/h)	见附表 2 中注 2	5～7	4～6	2～5
置换	时间/min	20		30	15～20
	流速/(m/h)	同再生流速			
正洗	时间/min	计算确定			
	流速/(m/h)	15		15	15
	水耗（R）/(m^3/m^3)	1～2		1～2	1～3
成床	流速/(m/h)	15～20		15～20	15～20
	时间/min	—		—	—
	顺洗时间/min	3～5		3～5	3～5
工作交换容量（R）/(mol/m^3)		500～650	800～900	250～300	800～900
出水质量		$Na^+<50\mu g/L$		$SiO_2<50\mu g/L$	—
反洗	周期	体外定期反洗		体外定期反洗	体外定期反洗
	流速/(m/h)	10～15		10～15	—
	时间/min	—		—	—

注：1. 最低滤速（防止落床、乱层）：阳离子交换器大于 10m/h，阴离子交换器大于 7m/h；树脂输送管内流速为 1～2m/s。

2. 本表中离子交换树脂的工作交换容量为参考数据。

3. 反洗周期一般与进水浊度、周期制水量等因素有关。反洗在清洗罐中进行，每次反洗后可视具体情况增加再生剂量 50%～100%。

4. 进再生液时间不宜过短，宜达到 30min，如时间过短，可降低再生液流速或适当增加再生剂量。

附表5 对流再生离子交换器（双室床、双室浮动床）

项目		双室阳、阴离子交换器（双室床）			双室浮动阳、阴离子交换器（双室浮床）		
		阳离子交换器		阴离子交换器	阳离子交换器		阴离子交换器
运行流速/(m/h)		25～30		25～30	30～50		30～50
再生	药剂	H_2SO_4	HCl	NaOH	H_2SO_4	HCl	NaOH
	耗量/(g/mol)	≤60	40～50	≤50	≤60	40～50	≤50
	浓度/%		1.5～3	1～3		1.5～3	0.5～2
	流速/(m/h)		≤5	≤5		5～7	4～6
置换（逆洗）	流速/(m/h)	8～10	≤5	≤5	同再生流速		
	时间/min	30		30	20		30
正洗	时间/min	—			计算确定		
	流速/(m/h)	10～15		10～15	15		15
	水耗(R)/(m^3/m^3)	1～3		1～3	1～2		1～2
成床	流速/(m/h)	—		—	15～20		15～20
	时间/min	—		—	—		—
	顺洗时间/min	—		—	3～5		3～5
工作交换容量(R)/(mol/m^3)	弱	2000～2500	2000～2500	600～900	2000～2500	2000～2500	600～900
	强	600～750	1000～1400	400～500	600～750	1000～1400	400～500
出水质量		Na^+<50μg/L		SiO_2<100μg/L	Na^+<50μg/L		SiO_2<100μg/L
反洗	周期	—		—	—		—
	流速/(m/h)	10～15		10～15	10～15		10～15
	时间/min	—		—	—		—

附录三　澄清池、滤池和圆形水箱规格

附表 6　澄清池规格

项目	水力加速澄清池												机械搅拌澄清池							
标准图	S771 (一)	S771 (二)	S771 (三)	S771 (四)	S771 (五)	S771 (六)	S771 (七)	S771 (八)					S774 (一)	S774 (二)	S774 (三)	S774 (四)	S774 (五)	S774 (六)	S774 (七)	S774 (八)
出力/(m^3/h)	40	60	80	120	160	200	240	320	40	60	80	120	200	320	430	600	800	1000	1330	1800
池径/m	4.2	5.2	6.0	7.2	8.4	9.3	10.4	12.0	4.0	4.8	5.6	6.9	9.8	12.4	14.3	16.9	19.5	21.8	25.0	29.0
池高/m	5.2	5.5	5.8	6.3	6.8	7.0	7.4	8.2	3.30	3.18	3.08	3.45	5.30	5.50	6.00	6.35	6.85	7.20	7.50	8.00
泥斗数	1	1	1	2	2	2	2	2					2	2	2	2	3	3	3	3
总容积/m^3													315	504	677	945	1260	1575	2095	2835
出水槽形式	环形						辐射形						环形		辐射加环形					
搅拌机型号													JJ-2	JJ-2L	JJ-2.5	JJ-2.5L	JJ-3.5	JJ-3.5L	JJ-4.5	JJ-4.5L
括泥机型号													JG-6.0	JG-7.5	JG-9.0	JG-13.5	JG-12.0	JG-13.5	JG-15.0	JG-17.0
技术参数	总停留时间：1.28～1.68h 反应室停留时间：130～150s 喷嘴出口流速：7～8m/s 清水区上升流速：0.95～1mm/s 喉管流速：2.2～2.7m/s 循环回流量：4 倍进水量								总停留时间：1.5h 第一、二反应室停留时间：约 30min 清水区上升流速：1mm/s 提升流量：5 倍处理水量 泥渣浓度：重力排泥 20kg/m^3（含水率 98%），机械排泥 50kg/m^3（含水率 95%）											

附表 7　滤池规格

项目	虹吸滤池								无阀滤池									重力式空气擦洗滤池			
标准图	S773（一）		S773（二）		S773（三）		S773（四）		S775（一）	S775（二）	S775（三）	S775（四）	S775（五）	S775（六）	S775（七）	S775（八）	S775（九）	某设计院设计系列			
出力/(m^3/h)	320	430	600	800	1000	1330	1800	2400	40	60	80	120	160	200	240	320	400	120	200	300	400
格数	6	8	6	8	6	8	6	8	1	1	2	2	2	2	2	2	2	2	2	2	2
每格尺寸/m	3.0×2.0		3.5×3.0		4.5×4.0		5.5×6.0		2.1×2.1	2.6×2.6	2.1×2.1	2.6×2.6	2.9×2.9	3.3×3.3	3.6×3.6	4.1×4.1	4.7×4.7				
每座滤池面积（包括管廊）/m	10.4×6.8	10.4×9.0	11.6×9.8	11.6×13	13.8×12.8	13.8×17.0	16.8×19.0	16.8×25.25										5.65×2.9	7.74×3.96	8.8×4.5	10.3×5.3
反洗水箱数									单	单	双	双	双	双	双	双	双	双	双	双	双
滤池高/m									4.37	4.50	4.45	4.50	4.45	4.65	4.65	4.74	4.74	4.00	3.65	4.00	4.03
技术参数	滤速 10m/h 反洗强度 15L/(m^2·s) 反洗水头 1.2m，调节范围 1.75～1.25m 滤料：单层石英砂，粒径 0.6～1.2mm，高 0.7m； 双层石英砂，粒径 0.6～1.2mm，高 0.25m； 白煤，粒径 1.0～1.8mm，高 0.45m								滤速 10m/h 反洗强度（平均）15L/(m^2·s)，反洗历时 5min 期终水头损失 1.7m 进水管流速 0.5～0.7m/s 滤料：单层石英砂，粒径 0.5～1.0mm，高 0.7m； 双层石英砂，粒径 0.5～1.0mm，高 0.4m； 无烟煤，粒径 1.2～1.6mm，高 0.3m									水分配箱顶标高/m			
																		5.65	5.35	5.9	6.03
																		滤池壁厚约 0.15m			

注：普通快滤池设计（标准图 S7）规格有 $20m^3/h$、$40m^3/h$、$60m^3/h$、$80m^3/h$、$120m^3/h$、$200m^3/h$、$240m^3/h$、$320m^3/h$、$400m^3/h$。

附表 8　圆形水箱规格

容积 /m^3	箱径 /mm	底座直径 /mm	箱高 /mm	顶高 /mm	箱壁厚 /mm	箱底壁厚 /mm	外表面积 /m^2	箱重 /kg	顶型
10	2380	2400	2610		5	5	29	1149	平顶
20	3080	3100	3012		6	6	44	2388	平顶
30	3780	3800	3012		6	6	58.5	3097	平顶
50	4000	4032	4300		6	6	80	4181	平顶
75	4500	4532	5012		6	6	103	5317	平顶
100	5280	5360	5216	359	6	6	132	6814	锥顶
150	6480	6560	5670	454	6	6	147	8709	锥顶
200	6480	6560	6960	454	6	6	200	10026	锥顶
250	7150	7320	7006	500	6	6	228	11274	锥顶
300（壁为阶梯形）	7748～7700	7820	7724	859	6	6	264	13282	球面顶
400（壁为阶梯形）	8072～8012	8140	9127	901	6	6	313	14184	球面顶
500（壁为阶梯形）	9560～9512	9650	8923	1062	6	6	384	19184	球面顶
800（壁为阶梯形）	10074～10000	10200	12440	1359	6	6	515	27025	球面顶
1000（壁为阶梯形）	12090～12012	12200	11082	1491	6	6	604	30754	球面顶

注：箱本体上有进出水管、溢流管、排污管、顶人孔、侧人孔、高低液位警报接口法兰、呼吸孔、水位计及爬梯。

附录四　滤池及澄清池设计数据

附表 9　澄清池的设计数据

序号	名称	主要设计数据		备注
1	机械搅拌澄清池	进水浊度	＜5000NTU	① 该池对水质、水量、水温的变化适应性强、运行稳定、投药量少、易于控制 ② 池内是否设机械刮泥装置应根据池径大小、底坡大小、进水悬浮物含量及其颗粒组成等因素确定。当池径小于 15m，底坡不小于 45℃，含砂量不大时，可不设机械刮泥装置。出水浊度小于 10NTU，低温低浊水小于 15NTU
		清水区上升流速[①]	一般可采用 0.8～1.1mm/s，低温低浊水取下限	
		水在池内停留时间	1.2～1.5h	
		搅拌叶轮提升流量	为进水量的 3～5 倍	
		叶轮直径	为第二絮凝室内径的 70%～80%，并应设调整叶轮转速和开启度的装置	
		升温速度	＜2℃/h	
2	水力循环澄清池	进水浊度	＜2000NTU	构造简单，维修工作量小，但对水质、水量、水温变化的适应性较差
		单池生产能力	不宜大于 $7500m^3/d$	
		清水区上升流速	一般可采用 0.7～1.0mm/s，低温低浊水取下限	
		池导流筒（第二絮凝室）有效高度	3～4m	
		回流水量	为进水流量的 2～4 倍	
		池斜壁与水平面的夹角	不宜小于 45°	
3	斜板澄清池	进水浊度	＜500NTU	① 可应用于给水、工业污水、废水等 ② 占地小、效率高
		悬浮物去除率	＞95%	
		排泥浓度	2%～4%	
4	接触絮凝沉淀池	进水浊度	＜2000NTU	① 反应时间短，产生絮凝物大而密实，易于沉降。适应性强，对微污染及低温、低浊度水处理效果好 ② 上升流速高，表面负荷大
		絮凝时间	5～10min	
		上升流速	2.0～3.5mm/s	
		有效水深	3.6～4.1m	
5	混合反应沉淀池	进水浊度	＜2000NTU	—
		单池生产能力	不宜大于 $7500m^3/d$	
		清水区上升流速	一般可采用 0.7～1.0mm/s，低温低浊水取下限	

续表

<table>
<tr><th>序号</th><th>名称</th><th colspan="2">主要设计数据</th><th>备注</th></tr>
<tr><td rowspan="6">6</td><td rowspan="6">脉冲澄清池</td><td>进水浊度</td><td>＜3000NTU</td><td rowspan="6">① 该池对水量、水质、水温变化的适应性较差，对排泥控制要求严格，要求连续运行
② 常用型式为真空式、S形虹吸式
③ 应采用穿孔管配水，上设人字形稳流板
④ 虹吸式脉冲池的配水总管，应设排气装置。此型澄清池不如机械搅拌澄清池处理效果好</td></tr>
<tr><td>清水区上升流速</td><td>一般可采用0.7～1.0mm/s</td></tr>
<tr><td>脉冲周期</td><td>30～40s</td></tr>
<tr><td>充放时间比</td><td>3∶1～4∶1</td></tr>
<tr><td>池悬浮层高度</td><td>1.5～2.0m</td></tr>
<tr><td>池清水区高度</td><td>1.5～2.0m</td></tr>
<tr><td rowspan="10">7</td><td rowspan="10">悬浮澄清池</td><td>进水浊度</td><td>单层＜3000NTU
双层＞3000NTU</td><td rowspan="10">① 运行稳定性差，影响处理效果的因素较多、不易控制。但结构简单造价低
② 我国西南地区有所应用
③ 池宜采用穿孔管配水，水进入池前应有气水分离设施
④ 对低浊水及有机物含量高的水处理效果不好</td></tr>
<tr><td>清水区上升流速</td><td>单层0.7～1.0mm/s
双层0.6～0.9mm/s</td></tr>
<tr><td>污泥浓缩室上升流速</td><td>单层0.6～0.8mm/s</td></tr>
<tr><td>强制出水量占总出水量的百分比</td><td>单层20%～30%
双层25%～45%</td></tr>
<tr><td>单池面积</td><td>不大于150m^2</td></tr>
<tr><td>短形每格池宽</td><td>不大于3m</td></tr>
<tr><td>清水区高度</td><td>1.5～2.0m</td></tr>
<tr><td>悬浮层高度</td><td>2.0～2.5m</td></tr>
<tr><td>池斜壁与水平面夹角</td><td>50°～60°</td></tr>
<tr><td colspan="2"></td></tr>
<tr><td rowspan="9">8</td><td rowspan="9">气浮池</td><td>进水浊度</td><td>＜100NTU</td><td rowspan="9">① 适用于处理含藻类等密度小的悬浮物的原水
② 占地少、造价低、净水效率高、泥渣含水率低、运行稳定可靠</td></tr>
<tr><td>接触室上升流速</td><td>10～20mm/s</td></tr>
<tr><td>分离室向下流速</td><td>1.5～2.5mm/s</td></tr>
<tr><td>单格宽度</td><td>不大于10m</td></tr>
<tr><td>池长</td><td>不大于15m</td></tr>
<tr><td>有效水深</td><td>2.0～2.5m</td></tr>
<tr><td>溶气压力</td><td>0.2～0.4MPa</td></tr>
<tr><td>回流比</td><td>5%～10%</td></tr>
<tr><td colspan="2">压力溶气罐总高一般采用3.0m，填料高一般宜为1.0～1.5m，截面水力负荷100～150m^3/(m^2·h)，刮渣机行车速度一般不大于5m/min</td></tr>
</table>

注：表中数据参照《给水排水设计手册》、GB 50013—2018《室外给水设计标准》。

① 澄清池清水区上升流速，应根据相似条件下电厂或水厂的运行经验或试验资料确定。表中所列上升流速在电厂宜采用下列数据：常温、常浊水不大于0.8mm/s；低温、低浊水不大于0.7mm/s。

附表 10　澄清池的设计数据（适于高浊水）

类型	设计参数名称	单位	参考数值	备注
机械搅拌澄清池	澄清池直径	m	10～40	—
	进水含沙量	kg/m^3	<40	—
	出水浊度	NTU	<10～20	个别 50
	停留时间	h	1.5～2.0	其中絮凝时间为 10～20min
	分离区上升流速	mm/s	0.8～1.2	—
	回流倍数	—	2～3	—
	容积比	—	1∶2∶7	根据需要可调整为 1∶3∶10
	排泥浓度	kg/m^3	150～300	—
	排泥耗水率	%	15～30	—
水旋澄清池	进水含沙量	kg/m^3	60～80	—
	出水浊度	NTU	<10～20	—
	进水喷嘴流速	m/s	2.5～4.0	—
	进水管前工作压力	kPa	≈60	—
	第二絮凝室导流筒流速	mm/s	20～50	—
	分离室上升流速	mm/s	0.8～1.2	—
	混合时间	min	6～8	—
	絮凝时间	min	15～20	—
	总停留时间	h	1.5～2.5	—
	平均排泥浓度	kg/m^3	100～350	—
	排泥耗水率	%	15～25	—
泥沙外循环澄清池	进水浊度	NTU	≤100～200	短期可达 5000
	水力负荷	$m^3/(m^2 \cdot h)$	20～30	—
	上升流速	mm/s	5～10	—
	出水浊度	NTU	1～2	—
	泥沙回流比	%	2～4	—
	回流泥沙浓度	mg/L	20000～30000	—
	混合室悬浮物浓度	mg/L	800～1200	—
	混合、絮凝时间	min	10～15	—
	总停留时间	min	40～50	—
	混合搅拌机转速	r/min	100～150	—
	絮凝搅拌机转速	r/min	30～70	可采用变频调速

附录五　水处理常用的8英寸卷式反渗透膜

附表11　水处理常用的8英寸卷式反渗透膜

系列	名称及型号	膜元件尺寸				膜性能测试条件及结果					工作条件						生产厂商
		直径/mm	长度/mm	面积/m^2	进水隔网厚度/mm	公称（稳定）脱盐率/%	最低脱盐率/%	产水量/(m^3/h)	测试压力/MPa	单只元件回收率/%	最高操作压力/MPa	最大进水流量/(m^3/h)	最小浓水流量/(m^3/h)	最高进水温度/℃	单支膜浓水与产水比最低值	单支膜最大压力降/MPa	
常压反渗透膜	ROGA®8222HR（CA膜）	203.2	1016	31.6	0.79	98	97		2.9	15	4.14			40		0.07	科氏（KOCH）Fluid（流体）膜
	ROGA®8222HR Magnum（CA膜，加长）	203.2	1524	48.3	0.79	98	97		2.9	15	4.14			40		0.104	
	ROGA®9222HR（CA膜）	215.9	1016	38.6	0.79	98	97		2.9	15	4.14			40		0.07	
低压反渗透膜（用于苦咸水脱盐）	CPA2（聚酰胺复合膜）	203.2	1016	33.9	0.81	99.7	99.5	1.58	1.55	15	4.14	17	2.73	45	5∶1	0.07	日东电工-海德能Hydranautics
	CPA3（聚酰胺复合膜）	203.2	1016	37.2	0.71	99.7	99.6	1.74	1.55	15	4.14	17	2.73	45	5∶1	0.07	
	CPA3-LD（聚酰胺复合膜）	203.2	1016	37.2	0.79	99.7	99.6	1.74	1.55	15	4.14	17	2.73	45	5∶1	0.07	
	CPA4（聚酰胺复合膜）	203.2	1016	37.2	0.71	99.7	99.5	0.95	1.55	15	4.14	17	2.73	45	5∶1	0.07	
	BW30-400（聚酰胺复合膜）	203.2	1016	37.2		99.5		1.65	1.55	15	4.14	19		45		0.104	陶氏（DOW）FILMTEC膜
	BW30-365（聚酰胺复合膜）	203.2	1016	33.9		99.5		1.5	1.55	15	4.14	16		45		0.104	
	BW30LE-440 聚酰胺复合膜	203.2	1016	40.9		99		1.81	1.55	15	4.14	19		45		0.104	
	RE-8040-BE	203.2	1016			99		1.74	1.55								韩国CSM
	TFC®8822-HR-365（聚酰胺复合膜）	203.2	1016	33.9	0.79	99.5	99.2	1.5	1.55	15	4.14			45		0.07	科氏（KOCH）Fluid（流体）膜
	TFC®8822-HR-400（聚酰胺复合膜）	203.2	1016	37.2	0.71	99.5	99.2	1.65	1.55	15	4.14			45		0.07	

续表

系列	名称及型号	膜元件尺寸				膜性能测试条件及结果					工作条件						生产厂商
		直径/mm	长度/mm	面积/m^2	进水隔网厚度/mm	公称(稳定)脱盐率/%	最低脱盐率/%	产水量/(m^3/h)	测试压力/MPa	单只元件回收率/%	最高操作压力/MPa	最大进水流量/(m^3/h)	最小浓水流量/(m^3/h)	最高进水温度/℃	单支膜浓水与产水比最低值	单支膜最大压力降/MPa	
低压反渗透膜(用于苦咸水脱盐)	TFC®8822-HR-575Magnum(聚酰胺复合膜，加长)	203.2	1524	53.4	0.79	99.5	99.2	2.37	1.55	20	4.14			45		0.104	科氏(KOCH) Fluid(流体)膜
	TFC®8822-HR-365Premium(聚酰胺复合膜，高脱盐率)	203.2	1016	33.9	0.79		99.7	1.5	1.55	15	4.14			45		0.07	
	TFC®8822-HR-400Premium(聚酰胺复合膜，高脱盐率)	203.2	1016	37.2	0.71		99.7	1.65	1.55	15	4.14			45		0.07	
	TFC®8822-XR-365(聚酰胺复合膜，高脱除Si，TOC)	203.2	1016	33.9	0.79	99.7	99.4		1.55	15	4.14			45		0.07	
	TFC®8822-XR-400(聚酰胺复合膜，高脱除Si，TOC)	203.2	1016	37.2	0.71	99.7	99.4	1.58	1.55	15	4.14			45		0.07	
	TFC®8822-XR-575Magnum(聚酰胺复合膜，加长，高脱除Si，TOC)	203.2	1524	53.4	0.79	99.7	99.4	2.29	1.55	20	4.14			45		0.104	
	TFC18061HR(聚酰胺复合膜，加长加粗)	457.2	1549	260	0.71	99.5		11.58	1.55	20	4.14			45		0.104	
	ROGA®8233LP Magnum(CA膜，加长)	203.2	1524	48.3	0.79	75	70	2.21	1.55	20	1.655			40		0.07	
	TM720-370(聚酰胺复合膜)	203.2	1016			99.7		1.5	1.6								日本东丽(TORAY)
	TM720-400(聚酰胺复合膜)	203.2	1016			99.7		1.63	1.6								
	TM720-430(聚酰胺复合膜)	203.2	1016			99.7		1.75	1.6								

续表

系列	名称及型号	膜元件尺寸				膜性能测试条件及结果					工作条件						生产厂商
		直径/mm	长度/mm	面积/m^2	进水隔网厚度/mm	公称（稳定）脱盐率/%	最低脱盐率/%	产水量/(m^3/h)	测试压力/MPa	单只元件回收率/%	最高操作压力/MPa	最大进水流量/(m^3/h)	最小浓水流量/(m^3/h)	最高进水温度/℃	单支膜浓水与产水比最低值	单支膜最大压力降/MPa	
低压抗污染反渗透膜（用于高污染地表水处理）	LFC1（聚酰胺复合膜）	203.2	1016	37.2	0.71	99.5	99.2	1.74	1.55	15							日东电工-海德能 Hydranautics
	LFC2（聚酰胺复合膜，正电荷）	203.2	1016	33.9	0.71	95		1.74	1.55	15							
	LFC3（聚酰胺复合膜）	203.2	1016	37.2	0.71	99.7	99.5	1.5	1.55	15	4.14	17	2.73	45	5∶1	0.07	
	LFC3-LD（聚酰胺复合膜，低阻力）	203.2	1016	37.2	0.79	99.7	99.5	1.74	1.55	15							
	PROC10（聚酰胺复合膜，高脱盐）	203.2	1016	37.2	0.86	99.75	99.6	1.65	1.55	15	4.14	20	2.73	45	5∶1	0.104	
	BW-30-365FR（聚酰胺复合膜）	203.2	1016	33.9		99.5		1.5	1.55	15	4.14			45		0.104	陶氏（DOW）FILMTEC 膜
	BW-30-400FR（聚酰胺复合膜）	203.2	1016	37.2		99.5		1.65	1.55	15	4.14			45		0.104	
	TFC® 8822FR-365（聚酰胺复合膜）	203.2	1016	33.9	0.79	99.5	99.2	1.5	1.55	15	4.14			45		0.07	科氏（KOCH）Fluid（流体）膜
	TFC® 8822FR-400（聚酰胺复合膜）	203.2	1016	37.2	0.71	99.5	99.2	1.65	1.55	15	4.14			45		0.07	
	TFC® 8822FR-575Magnum（聚酰胺复合膜，加长）	203.2	1524	53.4	0.79	99.5	99.2	2.37	1.55	20	4.14			45		0.104	
	TML20-370（聚酰胺复合膜）	203.2	1016	34	0.86	99.7		1.56	1.6								日本东丽（TORAY）
	TML-20-400（聚酰胺复合膜）	203.2	1016	37	0.81	99.7		1.63	1.6								

续表

系列	名称及型号	膜元件尺寸				膜性能测试条件及结果					工作条件						生产厂商
		直径/mm	长度/mm	面积/m^2	进水隔网厚度/mm	公称（稳定）脱盐率/%	最低脱盐率/%	产水量/(m^3/h)	测试压力/MPa	单只元件回收率/%	最高操作压力/MPa	最大进水流量/(m^3/h)	最小浓水流量/(m^3/h)	最高进水温度/℃	单支膜浓水与产水比最低值	单支膜最大压力降/MPa	
超低压反渗透膜（用于低含盐量及二级反渗透）	ESPA1（复合膜）	203.2	1016	37.2	0.71	99.3	99.0	1.89	1.05	15	4.14	17	2.73	45	5∶1	0.07	日东电工-海德能Hydranautics
	ESPA2（复合膜，高脱盐）	203.2	1016	37.2	0.71	99.6	99.5	1.42	1.05	15	4.14	17	2.73	45	5∶1	0.07	
	ESPA2＋（复合膜，高膜面积）	203.2	1016	40.9	0.66	99.6	99.5	1.89	1.05	15	4.14	17	2.73	45	5∶1	0.07	
	ESPA4（复合膜，高产水量）	203.2	1016	37.2	0.71	99.2	99.0	1.89	0.7	15	4.14	17	2.73	45	5∶1	0.07	
	ESPAB（复合膜，高脱硼）	203.2	1016	37.2	0.71	99.2	99.0	1.36	1.05	15	4.14	17	2.73	45	5∶1	0.07	
	XLE-440（聚酰胺复合膜）	201	1016	40.7	0.71	99.0	97.0	2.29	0.85	15	4.14			45		0.104	陶氏（DOW）FILMTEC膜
	TFC®8823ULP-400（聚酰胺复合膜）	203.2	1016	37.2	0.71	99.0		2.05	1.0		4.14					0.104	
	TFC®8833ULP-575（聚酰胺复合膜，加长）	203.2	1524	53.4	0.79	99.0		2.94	1.0		4.14					0.104	
	TFC®18061ULP MegaMagnum（聚酰胺复合膜，加长加粗）	457.2	1549	260	0.71	99.5		9.39	0.862	20	4.14					0.104	
	RE-8040-BL	203.2	1016			99.0		1.89	1.04								韩国CSM
	TMG20-400（聚酰胺复合膜）	203.2	1016			99.5		1.63	0.75								日本东丽（TORAY）
	TMG20-430（聚酰胺复合膜）	203.2	1016			99.5		1.75	0.75								
海水淡化用反渗透膜	SWC3＋（复合膜，高脱盐，高脱硼）	203.2	1016	37.2	0.71	99.8	99.7	1.1	5.52	10	8.27	17	2.73	45	5∶1	0.07	日东电工-海德能Hydranautics
	SWC4＋（复合膜，高脱盐，高脱硼）	203.2	1016	37.2	0.71	99.8	99.7	1.03	5.52	10	8.27	17	2.73	45	5∶1	0.07	
	SWC5（复合膜，高脱盐，高脱硼，高产水）	203.2	1016	37.2	0.71	99.8	99.7	1.42	5.52	10	8.27	17	2.73	45	5∶1	0.07	

续表

系列	名称及型号	膜元件尺寸				膜性能测试条件及结果					工作条件						生产厂商
		直径/mm	长度/mm	面积/m^2	进水隔网厚度/mm	公称（稳定）脱盐率/%	最低脱盐率/%	产水量/(m^3/h)	测试压力/MPa	单只元件回收率/%	最高操作压力/MPa	最大进水流量/(m^3/h)	最小浓水流量/(m^3/h)	最高进水温度/℃	单支膜浓水与产水比最低值	单支膜最大压力降/MPa	
海水淡化用反渗透膜	SW30HR-320（聚酰胺复合膜）	201	1016	30	0.86	99.7	99.6	0.79	5.52	8	7.0			45		0.104	陶氏（DOW）FILMTEC膜
	SW30HR-380（聚酰胺复合膜）	201	1016	35		99.7	99.6	0.95	5.52	8	7.0			45		0.104	
	TFC®2822SS-300（聚酰胺复合膜）	203.2	1016	27.9	0.79	99.6	99.3	0.79	5.52	7	8.275			45		0.07	科氏（KOCH）Fluid（流体）膜
	TFC®2820SS-300Premiun（聚酰胺复合膜，高脱盐）	203.2	1016	27.9	0.79	99.75		0.71	5.52	7	8.275			45		0.07	
	TFC®2822SS-360（聚酰胺复合膜）	203.2	1016	33.4	0.79	99.6	99.3	0.95	5.52	7	8.275			45		0.07	
	TFC®2820SS-360Premium（聚酰胺复合膜，高脱盐）	203.2	1016	33.4	0.71	99.75		0.87	5.52	7	8.275			45		0.07	
	TFC®2822HF-370（聚酰胺复合膜）	203.2	1016	34.4	0.71	99.6	99.3	1.29	5.52	7	6.896			45		0.07	
	TFC®2822-465Magnum（聚酰胺复合膜，加长）	203.2	1524	43.2	0.71	99.6	99.3	1.22	5.52	11	8.275			45		0.104	
	TFC®2822-540Magnum（聚酰胺复合膜，加长）	203.2	1524	50.2	0.71	99.6	99.3	1.42	5.52	11	8.275			45		0.104	
	TFC®2832HF-560Magnum（聚酰胺复合膜，加长）	203.2	1524	52	0.71	99.6	99.3	1.94	5.52	11	6.896			45		0.104	
	TM820-370/400	203.2	1016	34/37		99.75		1.03	5.52			6.9					日本东丽（TORAY）
	TM820L-370/400	203.2	1016	34/37		99.7		1.58	5.52			6.9					
	TM820H-370/400	203.2	1016	34/37		99.8		0.96	5.52			6.9					
	TM820E-400			37				1.17	5.52			6.9					

注：国产膜与上述膜性能相似，目前生产厂商有汇通、源泉、北斗星、北方、海洋、阿欧、鼎创源等。

附录六 水处理常用的电除盐模块

附表 12 水处理常用的电除盐模块

型号		MK-2E	MK-2 Pharm	MK-2 Mini	IPLXM10H-1 IPLXM10X-1	IPLXM24H-1 IPLXM24X-1	IPLXM30X-1
产品水	流量范围/(m^3/h)	1.6～3.4	1.59～4.09	0.57～1.14	0.55～1.65	1.4～4.2	1.65～4.95
	标准流量/(m^3/h)				1.1	2.8	3.3
	产水电阻率/(MΩ·cm)	>16	>10	>16			
	压降/MPa	0.14～0.25	0.14～0.3	0.14～0.25	标准流量时 0.17～0.25	标准流量时 0.17～0.25	标准流量时 0.17～0.25
	温升/℃	≤2.4	≤2.4	≤2.4			
整机参数	给水压力/MPa	0.32～0.7	0.35～0.7	0.32～0.7	≤0.71	≤0.71	≤0.71
	水回收率/%	80～95	80～95	80～95	90～95	90～95	90～95
	设计温度/℃	4.4～38	4.4～38	4.4～38	≤45	≤45	≤45
	产水与浓水压差/MPa	0.035～0.07					
	电压（DC）/V	设计 600	设计 600	设计 400			
	电流/A						
浓水和极水	浓水流量/(m^3/h)	1.23	1.23	0.5			
	极水流量/(L/min)	0.57～1.32	0.95～1.51	0.6～1.35			
	极水 pH 值	7～9	7～9	7～9			
	浓水电导率/(μS/cm)	50～500	50～500	50～500			
	浓水室进出口压差/MPa	0.14～0.25	0.17～0.31	0.14～0.25			
尺寸/cm		30×40×61	30×48×61	30×27×61	33×30×61	33×30×61	33×89×61
结构特点		模块式 仅淡水室充填树脂			模块式 浓、淡水室均充填树脂		
生产厂商		E-Cell （加拿大，属 GE）			Millipore-Ionpure 公司 （属 U. S. Fiter）		

续表

型号		Canpure™-500	Canpure™-1000	Canpure™-2000	Canpure™-3000	Ionics EDI	XL-500RL
产品水	流量范围/(m^3/h)	0.4～0.7	0.9～1.2	1.8～20	28～3.6	11.4，22.7，34.1，45.4，56.8，61.8，79.5，90.8①	1.6～3.35
	标准流量/(m^3/h)						
	产水电阻率/(MΩ·cm)	10～18.2	10～18.2	10～18.2	10～18.2	≤18	16～18.2
	压降/MPa					0.07～0.17	0.14～0.35
	温升/℃						
整机参数	给水压力/MPa	<0.41	<0.41	<0.41	<0.41	0.14～0.35	≤0.7
	水回收率/%	80～95	80～95	80～95	80～95		90～95
	设计温度/℃					10～35	5～40
	产水与浓水压差/MPa	0.05～0.07	0.05～0.07	0.05～0.07	0.05～0.07		
	电压（DC）/V	30～50	60～90	115～180	180～300		设计500（200～390）
	电流/A	2～6	2～6	2～6	2～6		设计8
浓水和极水	浓水流量/(m^3/h)	0.04～0.21	0.09～0.36	0.18～0.66	0.3～1.08		
	极水流量/(L/min)	40～60	40～60	40～60	40～60		
	极水pH值						
	浓水电导率/(μS/cm)	200～350	200～350	200～350	200～350		
	浓水室进出口压差/MPa						0.075～0.09
尺寸/cm		23×26.6×61.6	26.6×26.6×61.6	34.2×26.6×61.6	45.4×26.6×61.6		
结构特点		模块式 仅淡水室 充填树脂					模块式 浓、淡水室 均充填树脂
生产厂商		Canpure公司 （加拿大）				Ionics （属GE）	Electropure （属show pure）

续表

型号		XL-500R	XL-400R	XL-300R	XL-200R	XL-100R	OMEXELL
产品水	流量范围/(m^3/h)	1.3～2.3	0.7～1.5	0.3～0.9	0.1～0.3	0.05～0.15	2.3，4.5，9，13.5，18，23，27，35，40，45，50，55，60，65，72，80，90，100
	标准流量/(m^3/h)						
	产水电阻率/(MΩ·cm)	16～18.2	16～18.2	16～18.2	16～18.2	16～18.2	16～18
	压降/MPa	0.14～0.3	0.1～0.21	0.1～0.14	0.07～0.17	0.07～0.17	≤0.2
	温升/℃						≤1.5
整机参数	给水压力/MPa	≤0.7	≤0.7	≤0.7	≤0.7	≤0.7	≤0.41
	水回收率/%	90～95	90～95	90～95	90～95	90～95	80～95
	设计温度/℃	5～40	5～40	5～40	5～40	5～40	10～40
	产水与浓水压差/MPa						0.04～0.07
	电压（DC）/V	设计500（200～320）	设计400（150～220）	设计300（120～160）	设计200（60～120）	设计100（30～60）	180～350
	电流/A	设计8	设计8	设计8	设计8	设计8	6～135
浓水和极水	浓水流量/(m^3/h)						0.5～0.7
	极水流量/(L/min)						
	极水pH值						
	浓水电导率/(μS/cm)					250～600	
	浓水室进出口压差/MPa	0.06～0.08	0.05～0.07	0.05～0.06	0.04～0.06	0.03～0.05	
尺寸/cm							单支元件 ϕ25.4×88.9
结构特点		模块式 浓、淡水室均充填树脂					卷式
生产厂商		Electropure（属show pure）					欧美公司（中）（属陶氏）

① 相应为50gal/min、100gal/min、150gal/min、200gal/min、250gal/min、300gal/min、350gal/min、400gal/min。

附录七　水处理常用的超滤膜

附表 13　常用的超滤膜（柱式）及其性能

型号		HYDRACap60	SXL-225	KRISTAL-300B	SV-1060C	SV-1060D	V1072-35PMC	SFP-2660
膜性能	同类产品其他型号	40，60LD，40LD	S-225	400D 500			V1048-35PMC V8072-43PMX	
	材质	聚醚砜(PES)	聚醚砜(PES)	聚醚砜(PES)	改性聚砜(MPS)	改性聚砜(MPS)	聚砜(PS)	聚偏氟乙烯(PVDF)
	孔径/μm	0.025	0.02	0.01	0.01～0.02	0.01～0.02	0.04	0.01
	截留分子量	15 万	15 万	3.5 万	4.5 万	4.5 万	10 万	2 万
	膜丝内外径/mm	0.8/1.2	0.8/1.2	0.7/1.3	1.2/1.8	1.5/2.2	0.9/1.3	0.65/1.25
	膜通量/[L/(m^2·h)]	59～145	60～130		75～120	60～140	70～140	54～160
	组件膜面积/m^2	46.5	40	55	40	26.7	80	35.3
	过滤方式	内压，立式，错流	内压，卧式全流	内/外压，立式错流	内压，全流/错流	内压，全流/错流	内压，错流	外压，全流/错流
	外形尺寸/mm	ϕ250×1680	ϕ200×1527.5	ϕ200×2000	ϕ277×1710	ϕ277×1710	ϕ254×1829	ϕ165×1710
进水水质	浊度/NTU	<10（短时<50）	<10（短时<50）	<10	<20	<50		<100
	氯耐受浓度/(mg/L)	200	200	200	200	200	200	250
	pH 值	2～13	2～13	2～12	2～12	2～12	1.5～13	2～11
	膜前过滤器	100μm 过滤	100μm 过滤	100μm 过滤				
运行参数	运行压力/MPa	0.02～0.152	0.02～0.08	0.021～0.231			最高 0.31 最大压差 0.24	
	运行温度/℃	<40	<40	<40			<40	
	反洗压力/MPa	0.242	0.22	0.28				
	反洗频率/min	15～45	15～40	15～30				
	反洗时间/s	60～90	30	30				
	反洗方法	水反洗	水反洗	水反洗				
	化学清洗周期/d	30～45	30～45	15～30				
	化学加强洗方法	NaClO 50mg/L 每周 14～28 次，pH=2 酸每周 14～28 次	NaClO 50mg/L 每周 14～28 次，pH=2 酸每周 14～28 次					
生产厂商		Hydranautics 海德能	Norit 诺瑞特（荷兰）	Hyflux 凯发（新加坡）	Savier 赛维尔（加拿大）		KOCH 柯氏	欧美（中）陶氏

续表

	型号	MOF-IVB	UOF-1V	UNA-620A	UF_1A200	UF_2A225	UF_1OB90	BO×8040 (U_1/U_2)
膜性能	同类产品其他型号	MOF-111IB		LOV5210 RSC-6210S		$UF_{1(2)}1B$	$UF_{1(2)}1A$ $UF_{1(2)}A$	
	材质	聚偏氟乙烯（PVDF）	聚偏氟乙烯（PVDF）	聚偏氟乙烯（PVDF）	亲水聚砜	偏聚氟乙烯（PVDF）	亲水聚砜	聚砜（PS）
	孔径/μm	0.2	0.03	0.1				
	截留分子量				1万，6.7万，10万	1万，6.7万，10万	0.6万，2万	3～5万/>16万
	膜丝内外径/mm	0.7/1.2			1/1.5	1/1.5	0.2/0.4	
	膜通量/[L/(m^2·h)]	最初195～220	最初167～195	40～200	60～110	150	20	41.6/83.3
	组件膜面积/m^2	36	36	50	55	65	25	25
	过滤方式			外压，全流	内压	内压，全流/错流	外压，错流	
	外形尺寸/mm	ϕ160×1730	ϕ160×1730	ϕ165×2338	ϕ200×1650	ϕ225×1503	ϕ90×1000	ϕ201×1016
进水水质	浊度/NTU				<50			
	氯耐受浓度/(mg/L)							
	pH值	2～10		1～10	2～13	1～10	2～13	1～13
	膜前过滤器							
运行参数	运行压力/MPa	最大压差≤0.2	最大压差≤0.2	最高0.3	≤0.3	≤0.3	≤0.3	最高0.48 最大压降0.09
	运行温度/℃	≤45		<40	<45	<45	<45	<50
	反洗压力/MPa				0.2	0.2		
	反洗频率/min				10～30	10～30	20～60	
	反洗时间/s				30～60	30～60		
	反洗方法							
	化学清洗周期/d							
	化学加强洗方法							
生产厂商		膜天（天津）		旭化成（日）	膜天（山东）			北斗星（杭州）

附表 14　常见的帘式超滤膜（浸入式）及性能

型号		ZeeWeed 1000	UNS-620A	FP-AⅢ	SMM-1525	PURON (PHS-500)
膜性能	材质	聚偏氟乙烯(PVDF)	聚偏氟乙烯(PVDF)		聚偏氟乙烯(PVDF)	聚醚砜
	孔径/μm	0.02	0.1			0.05
	截留分子量	15 万				
	膜丝内外径/mm	0.8/1.2		0.6/1.0	0.6/1.2	/2.6
	膜通量/[L/(m^2·h)]	50～100（水）	40～120（水）	10～12（水）	15（水）	300～700（标，空气）
	组件膜面积/m^2	46.5	50	30	25	500
	膜组件尺寸/mm		ϕ157×2164	530×450×1010	571×45×2000	1662×893×2360
	过滤方式	帘式，抽吸	帘式，抽吸	帘式，抽吸	帘式，抽吸	海藻式，抽吸
进水水质	浊度/NTU	一般 50 短时 250				
	氯耐受浓度/(mg/L)	10000				清洗时 1000～2000(pH>10)
	pH 值	2～13	1～10	2～10	2～10	2.5～12
	膜前过滤	不需要	不需要	不需要	不需要	不需要
运行参数	运行压力/MPa	0.007～0.08		负压抽吸 0.02		<0.06
	运行温度/℃	40	40	5～45	5～45	5～40
	反洗压力/MPa	0.05～0.09				0.1
	反洗频率/min	20～60				
	反洗时间/s	60～90				
	反洗方法	空气擦洗，水	空气，水	空气，水[水气比 1∶(20～30)]	空气，水	空气，水
	化学加强洗方法	NaClO 50mg/L 每周 5 次，pH=2 酸每周 2 次				
	化学清洗周期/d	60～90		最少 3 个月进行一次		
生产厂商及同类产品型号		泽能（Zenan，加拿大） 500d	旭化成（日） MUNC-620A	膜天（天津） FP-AI FP-AⅡ	美能（新加坡） SMM-1010 SMM-1518	科氏（KOCH，美） PSH-250 PSH-1500

附录八　凝结水精处理树脂

附表 15　罗门哈斯精处理树脂

产品名称	Amberjet® 1200Na	Amberjet® 4200Cl	Amberjet® 1000Na	Amberlite® 4000Cl	Amberlite® IRC96C
基体	苯乙烯-二乙烯苯共聚物	苯乙烯-二乙烯苯共聚物	苯乙烯-二乙烯苯共聚物	苯乙烯-二乙烯苯共聚物	苯乙烯-二乙烯苯共聚物
功能基	磺酸基	$—N^+(CH_3)_3$	磺酸基	$—N^+(CH_3)_3$	$—N^+(CH_3)_3$
外观	琥珀色	浅黄色半透明颗粒	琥珀色	不溶解的淡黄色半透明颗粒	不透明球形颗粒
出厂离子形态	Na^+型	Cl^-型	Na^+型	Cl^-型	游离胺（FB）
全交换容量/(mmol/L)	≥2.0（Na^+型）	≥1.2（Cl^-型）	≥2.0（Na^+型）	≥1.3（Cl^-型）	≥1.4（FB）
含水量/%	43～47（Na^+型）	49～60（Cl^-型）	43～50（Na^+型）	49～55（Cl^-型）	48～58（FB）
密度/(g/mL)	1.26～1.30 （Na^+型）	1.063～1.093 （Cl^-型）	1.26～1.30 （Na^+型）	1.06～1.08 （Cl^-型）	
湿真密度/(g/L)					1.04～1.06
堆积密度/(g/L)	850（Na^+型）	670（Cl^-型）	850	670（Cl^-型）	680
均一系数	1.2	≤1.6	≤1.30	≤1.25	≤1.25
最高运行温度/℃	120	60	120	120	100
最小床深/mm	80	700	800	800	700
运行流速/(BV/h)	5～50	5～40	5～50	5～50	5～40

续表

产品名称	Amberjet® 1200Na			Amberjet® 4200Cl	Amberjet® 1000Na			Amberlite® 4000Cl	Amberlite® IRC96C
最大运行流速/(m/h)	60			60	60			60	60
主要粒径/μm	620±50			600～750					630～960
有效粒径/mm									≥0.50
调和粒径/mm					0.6～0.8			0.6～0.8	
大颗粒					<0.425mm：2.0%max			<0.425mm；0.5%max	
细颗粒					>1.180mm：5.0%max			>0.850mm；5.0%max	
最大转型膨胀率/%	$Na^+ \rightarrow H^+$：10			$Cl^- \rightarrow OH^-$：40	$Na^+ \rightarrow H^+$：10			$Cl^- \rightarrow OH^-$：30	
慢洗/BV	2（再生流速下）			2（再生流速下）	2（再生流速下）			2（再生流速下）	2（再生流速下）
快洗/BV	1～3（运行流速下）			4～8（运行流速下）	1～3（运行流速下）			3～6（运行流速下）	2～4（运行流速下）
再生剂	NaCl	HCl	H_2SO_4	NaOH	NaCl	HCl	H_2SO_4	NaOH	NaOH
再生剂水平/(g/L)	50～240	40～150	40～200	60～150	50～240	40～150	40～200	40～100	离子负荷 120%
浓度/%	10	4～10	8	2～4	10	4～10	8	2～5	2～4
流速/(BV/h)	2～8	2～5	2～20	2～8	2～8	2～5	2～20	2～8	2～8
最小接触时间/min	20			30	20			20	30

注：$1BV=1m^3$ 介质/$1m^3$ 树脂。

附表 16 DOWEX™ MONOSPHERE™ 高性能树脂

产品名称	DOWEX MONOSPHERE 650C	DOWEX MONOSPHERE 550A	DOWEX MONOSPHERE MP-525C(H)	DOWEX MONOSPHERE MP-725A(OH)
树脂类型	凝胶型强酸性阳树脂	凝胶型强碱性Ⅰ型阴树脂	大孔型强酸性阳树脂	大孔型强碱性Ⅰ型阴树脂
类型	H^+	OH^-	H^+	OH^-
最低交换容量/(mmol/L)	2.0	1.1	1.6	0.8
含水率/%	46～51	55～65	50～54	65～75
均一系数	＜1.1	＜1.1	＜1.1	＜1.1
颗粒尺寸/μm	650±50	590±50	500±50	690±50
圆球率/%	＞95	＞95	＞95	＞95
平均抗碎强度/(g/粒)	500	350	350	—
装运密度/(g/L)	784	640	760	625

注：此附录各表数据均来源于厂家说明书。

附录九　纳滤膜

附表 17　美国海德能公司 8 英寸水处理用纳滤膜元件的性能参数及使用条件

分类	型号	有效面积/ft^2（m^2）	进水隔网厚度/mil	膜元件标准性能			测试条件①		主要用途
				脱盐率/%		产水量/GPD（m^3/d）	压力/psi（MPa）	溶液浓度/(mg/L)	
				平均	范围				
节能型	ESNA1	400（37.2）	28	90	85～95	10000（37.9）	75（0.52）	NaCl/500	脱除有机物和硬度
	ENSA1-LF			89	80～95	8200（31.0）		$CaCl_2$/500	
	ENSA1-LF2			86	80～92	10500（39.7）			

使用条件	ESNA1	ESNA1-LF	ESNA1-LF2
最高操作压力/psi（MPa）	600（4.14）		
最大进水流量/GPM（m^3/h）	75（17.0）		
最小浓水排放量/GPM（m^3/h）	12（2.73）		
最高进水温度/℃	45		
进水 pH 值范围	3.0～10.0		
最大进水浊度/NTU	1.0		
最大进水 SDI_{15}	5.0		
最大进水余氯浓度/(mg/L)	0.1		
单支膜元件浓水与产水比的最小值	5∶1		
单支膜元件最大压力损失/psi（MPa）	10.0（0.07）		

注：1mil=0.0254mm，1psi=6895Pa，$1ft^2=9.2903\times10^{-2}m^2$。

① 测试 $CaCl_2$ 和 NaCl 溶液的温度为 25℃、pH 值 6.0～7.0、回收率 15%。

附表 18　美国海德能公司 4 英寸水处理用纳滤膜元件的性能参数及使用条件

型号	有效面积①/ft^2（m^2）	膜元件标准性能			测试条件②	
		脱盐率/%		产水量/GPD（m^3/d）	压力/psi（MPa）	浓度/(mg/L)
		平均	范围			
ESNA1-4040	85（7.9）	90	80～97	1952（7.4）	75（0.52）	NaCl/500
ENSA1-LF-4040		89	80～95	1750（6.6）		$CaCl_2$/500

使用条件	ESNA1-4040	ESNA1-LF-4040
最高操作压力/psi（MPa）	600（4.14）	
最大进水流量/GPM（m^3/h）	16（3.6）	
最小浓水排放量/GPM（m^3/h）	3.0（0.7）	

续表

型号	有效面积[①] /ft² (m²)	膜元件标准性能			测试条件[②]	
		脱盐率/%		产水量 /GPD (m^3/d)	压力 /psi (MPa)	浓度 /(mg/L)
		平均	范围			
最高进水温度/℃		45				
进水 pH 值范围		3.0～10.0				
最大进水浊度/NTU		1.0				
最大进水 SDI_{15}		5.0				
最大进水余氯浓度/(mg/L)		0.1				
单支膜元件浓水与产水比的最小值		5∶1				
单支膜元件最大压力损失/psi (MPa)		10.0 (0.07)				

注：此附录各表数据均来源于厂家说明书。

① 有效膜面积的误差为±3%。

② 测试 $CaCl_2$ 和 NaCl 溶液的温度为 25℃、pH6.0～7.0、回收率 15%。

附录十　微滤膜

附表 19　AMFOR 微滤膜技术参数

尺寸	型号	元件直径/in	元件长度/in	中心管直径/in	质量/磅
3.8in	3838	3.8	38	0.83	10
	3838.75	3.8	38.75	0.83	10
	3850	3.8	50	0.83	13
	3851	3.8	51	0.83	14
4.3in	4333	4.3	33	0.83	11
	4335	4.3	35	0.83	11
	4335.5	4.3	35.5	0.83	11
	4336	4.3	36	0.83	11
	4338	4.3	38	0.83	12
	4350	4.3	50	0.83	15
	4351	4.3	51	0.83	15
	4355	4.3	55	0.83	16
5.8in	5838	5.8	38	1.138	15
6.3in	6338	6.3	38	1.138	16
	6356	6.3	56	1.138	24
7.9in	7940	7.9	40	1.138	38
8in	8038	8.0	38	1.138	38
	8238	8.2	38	1.138	38
	8338	8.3	38	1.138	40
10in	10338	10.3	38	1.138	43

注：1in=25.4mm，1 磅=0.45359237kg。

附表 20　微滤膜操作极限

项目		数据	备注
操作压力	最大进口压力/psi（bar）	116（8.0）	增压泵必须软启动以防止对元件的压力和流量冲击
	最小出口压力/psi（bar）	10（0.7）	
	最高压降/psi（bar）	18（1.2）	
	最大背压/psi（bar）	5（0.3）	
温度	最高运行温度/℃	50	
	最大在线清洗温度/℃	50	
pH 值	连续运行（25℃下）	1.0～11.0	pH 值请不要超过 11.0
	最大在线清洗 pH 值	2.0～11.0	
游离氯	产品水中的游离氯/(mg/L)	0（正常），＜0.1（最大）	在上述 pH 值及温度条件下，最大游离氯含量持续时间限每天 30min 内
	pH 值为 10.8～11.0 时在线清洗游离氯/(mg/L)	150（正常），180（最大）	
过氧化氢	游离过氧化氢（连续运行）/(mg/L)	＜3	
	过氧化氢作为消毒杀菌剂温度：25℃最大 pH 值 6～7 循环 10min	0.1%	

注：此表数据来源于厂家说明书。1bar＝10^5Pa。

附录十一　EDI 技术参数

附表 21　OMEXELL™ EDI 技术参数

进水水质要求			操作参数		
项目	EDI-210	DEI-210U	项目	EDI-210	DEI-210U
TEA（包括 CO_2）/(mg/L)	≤25（$CaCO_3$）	≤8（$CaCO_3$）	产水水量/(m^3/h)	1.5～2.2	1.5～2.2
pH	6.0～9.0	7.0～9.0	产水电阻率/(MΩ/cm)	≥5	≥15
硬度/(mg/L)	≤2.0	≤0.5	水回收率/%	80～95	95
硅/(mg/L)	≤0.5	≤0.2	进水温度/℃	5～38	5～38
TOC/(mg/L)	≤0.5	≤0.3	进水压力/psi（bar）	36～100（2.5～7.0）	36～100（2.5～7.0）
余氟/(mg/L)	≤0.05	≤0.05	产水压差/psi（bar）	2～36（1.5～2.5）	2～36（1.5～2.5）
Fe、Mn/(mg/L)	≤0.01	≤0.01	浓水循环流量/(m^3/h)	0.5～1.0	0.5～1.0
SDI（15min）	≤1.5	≤1.0	浓水压力/psi（bar）	5～10（0.35～0.7）小于淡水压力	5～10（0.35～0.7）小于淡水压力
油与油脂	无	无	极水排放流量（GPM）	0.22～0.30	0.22～0.30
浊度/NTU	≤1.0	≤1.0	浓水电导率/(μS/cm)	250～1000	250～600
氧化剂/(mg/L)	无	无	工作电流/A	1～9	3～9
二氧化碳/(mg/L)	≤5.0	≤3.0	最大工作电压（DC）/V	180	160

注：此表数据来源于厂家说明书。

附录十二　WAVE软件校核报告

WATER APPLICATION VALUE ENGINE
WATER SOLUTIONS

UF总结报告

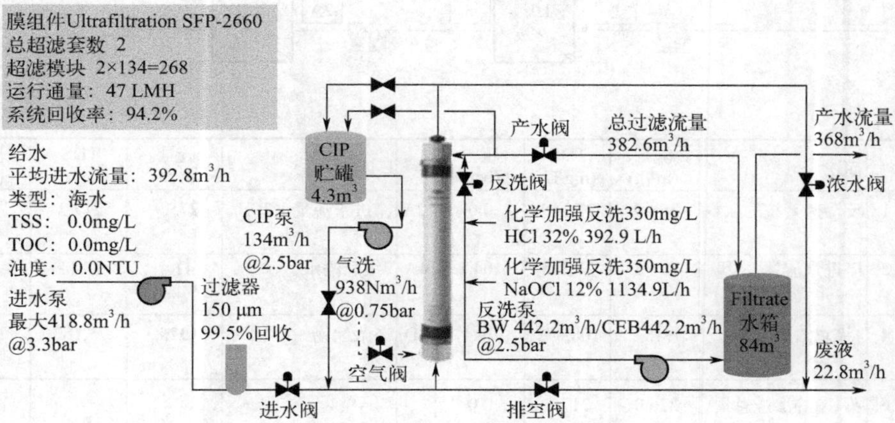

UF系统概览

组件型号		超滤SFP-2660			
套数		在线	2	备用	0
				冗余=	0
膜元件数		每套	134	总共	268
系统流量(gpm)	(m^3/h)	总进水量	392.8	净产水	368.0
单套流量(gpm)	(m^3/h)	总进水量	196.4	净产水	184.0
系统回收率	(%)	94.16			
跨膜压差	(bar)	0.38 @ 10.0℃		0.26 @ 25.0℃	
水源用途		正冲	经过预处理的水源	反洗	UF产水
		CEB水源：	UF产水	CIP水源：	UF产水

UF操作条件

	连续	间隔	通量/流量
过滤	30.0min	32.3min	-
瞬时			
2运行套数			47LMH
2总共套数			47LMH
平均通量			43LMH
净通量			42LMH
反洗	2.3min	32.3min	100LMH
酸性化学加强反洗	14.9min	168h	100LMH
碱性化学加强反洗	14.9min	24h	100LMH
化学清洗	306.6min	60d	1.00m^3/h

UF水质

流名称		水流1	
水型		海水(10.0-40.0℃)	
		进水	预期超滤产水水质
温度	(℃)	25.0	25.0
TDS	(mg/L)	27158	27158
pH		7.0	7.0

项目名：Wave-UF_RO-11/5/2024　　创建：05/11/2024　　WAVE版本：1.83.834
页 1的 8

RO Summary Report
RO系统流程

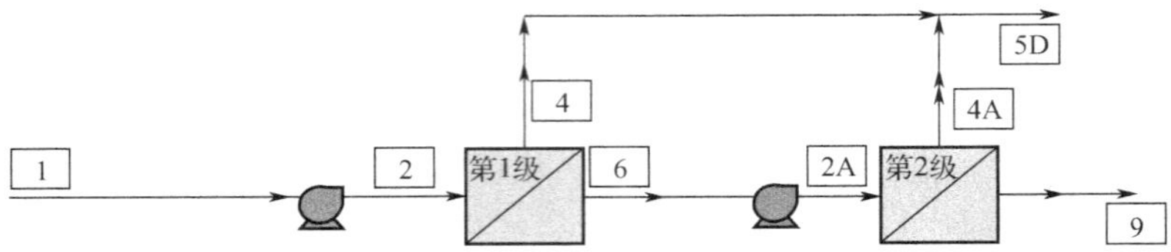

#	描述	流量 (m^3/h)	TDS (mg/L)	压力 (bar)	#	描述	流量 (m^3/h)	TDS (mg/L)	压力 (bar)
1	反渗透系统的原料	368.0	27,149	0.0	2A	净进水流量去2级	275.9	217.2	8.1
2	净进水流量去1级	366.3	27,275	104.1	4A	2级总浓水	41.4	1,411	6.8
4	1级总浓水	91.6	108,372	99.4	5D	净浓缩物	132.8	75,183	-
6	第1遍的渗透总量	276.0	217.1	0.0					
9	净产品	234.6	6.64	0.0					

RO系统概况

总列数 1 系统流量 (m^3/h)	在线= 1 净流量= 368.0	待机= 0 净产水量= 234.6	RO回收率 63.7%

级		级1	级2
流名称		水流1	-
原水类型		Seawater With DuPont UF,SDI<2.5	RO Permeate SDI<1
膜元件数量		186	150
总有效面积	(m^2)	7603	6132
每级给水流量	(m^3/h)	366.3	275.9
给水TDS[a]	(mg/L)	27,275	217.2
给水压力	(bar)	104.1	8.1
每级流量系数		0.85,0.85	1.00
每级产水流量	(m^3/h)	276.0	234.6
通过平均通量	(LMH)	36.3	38.3
产水TDS[a]	(mg/L)	217.1	6.64
级回收率		75.3%	85.0%
平均NDP	(bar)	45.4	6.2
能耗	(kWh/m^3)	4.83	0.33
温度	(℃)	25.0	25.0
pH		7.0	5.5
化学加药		-	-
RO系统回收率		63.7%	
净RO系统回收率		63.7%	
能耗	(kWh/m^3)	6.01	

脚注

[a]总溶解固体包括离子，SiO_2和$B(OH)_3$，它不包括NH_3和CO_2

RO产水量表(按段)-第1级

段	元件	压力容器数量	每压力容器元件数	给水				浓水			产品水			
				给水流量 (m^3/h)	再循环流量 (m^3/h)	进水压力 (bar)	升压压力 (bar)	浓水流量 (m^3/h)	浓水压力 (bar)	压降 (bar)	产水流量 (m^3/h)	平均通量 (LMH)	产水压力 (bar)	渗透TDS (mg/L)
1	SW30ULE-440 (obsolete 9/2019)	21	6	366.3	0.00	103.8	0.0	114.7	101.7	2.1	252.8	49.1	0.0	137.6
2	SW30ULE-440 (obsolete 9/2019)	10	6	114.7	0.0	101.5	0.0	91.6	99.4	2.1	23.2	9.4	0.0	1,085

RO溶质浓度-第一级

浓度(mg/L，离子态)						
	进水	浓水		产水		
						第二级总流量
NH_4^+	0.00	0.00	0.00	0.00	0.00	0.00
K^+	308.0	984.1	1,228	1.90	16.00	3.08
Na^+	8,542	27,303	34,075	48.48	385.1	76.74
Mg^{+2}	995.0	3,188	3,986	2.10	15.17	3.20
Ca^{+2}	324.0	1,038	1,298	0.66	4.90	1.01
Sr^{+2}	3.75	12.02	15.03	0.01	0.06	0.01
Ba^{+2}	0.01	0.04	0.06	0.00	0.00	0.00
CO_3^{-2}	1.02	10.74	15.35	0.00	0.00	0.00
HCO_3^-	108.1	329.9	407.6	1.07	5.73	1.42
NO_3^-	1.57	4.97	6.16	0.03	0.23	0.05
F^-	0.00	0.00	0.00	0.00	0.00	0.00
Cl^-	16,866	53,937	67,341	83.30	658.0	131.6
Br^{-1}	0.00	0.00	0.00	0.00	0.00	0.00
SO_4^{-2}	0.00	0.00	0.00	0.00	0.00	0.00
PO_4^{-3}	0.00	0.00	0.00	0.00	0.00	0.00
SiO_2	0.00	0.00	0.00	0.00	0.00	0.00
Boron	0.00	0.00	0.00	0.00	0.00	0.00
CO_2	6.13	9.79	11.08	6.77	10.19	7.08
TDS[a]	27,149	86,808	108,372	137.6	1,085	217.1
Est. Cond. μS/cm	43,221	120,288	145,791	292	2,167	456
pH	7.0	7.4	7.7	5.4	5.8	5.5

脚注

[a]总溶解固体包括离子，SiO_2和B $(OH)_3$，它不包括NH_3和CO_2

RO设计警报

设计警报	限制	值	级	段	元件	产品
产水流量>最高限值 (m^3/h)	1.46	3.02	1	1	1	SW30ULE-440 (obsolete 9/2019)
产水流量>最高限值 (m^3/h)	1.46	2.70	1	1	2	SW30ULE-440 (obsolete 9/2019)
产水流量>最高限值 (m^3/h)	1.46	2.29	1	1	3	SW30ULE-440 (obsolete 9/2019)
产水流量>最高限值 (m^3/h)	1.46	1.82	1	1	4	SW30ULE-440 (obsolete 9/2019)
给水压力>最高限值 (bar)	82.7	103.8	1	1	1	SW30ULE-440 (obsolete 9/2019)
元件回收率>最高限值 (%)	15.0	17.3	1	1	1	SW30ULE-440 (obsolete 9/2019)
元件回收率>最高限值 (%)	15.0	18.7	1	1	2	SW30ULE-440 (obsolete 9/2019)
元件回收率>最高限值 (%)	15.0	19.5	1	1	3	SW30ULE-440 (obsolete 9/2019)
元件回收率>最高限值 (%)	15.0	19.2	1	1	4	SW30ULE-440 (obsolete 9/2019)
元件回收率>最高限值 (%)	15.0	17.3	1	1	5	SW30ULE-440 (obsolete 9/2019)
浓水流量<最低限值 (m^3/h)	2.27	1.66	2	1	6	Eco Pro-440

WATER APPLICATION VALUE ENGINE
WATER SOLUTIONS

设计警报		限制	值	级	段	元件	产品
元件回收率 >最高限值	(%)	30.0	32.8	2	1	5	Eco Pro-440
元件回收率 >最高限值	(%)	30.0	46.1	2	1	6	Eco Pro-440

Special Comments

Product	Special Comments
SW30ULE-440(obsolete 9/2019)	This product is obsolete as of September 2019.

RO产水量表(按元件)-第1级

段	元件	元件名称	回收率 (%)	给水流量 (m^3/h)	给水压力 (bar)	给水TDS (mg/L)	浓水流量 (m^3/h)	产水流量 (m^3/h)	产水通量 (LMH)	产水TDS (mg/L)
1	1	SW30ULE-440 (obsolete 9/2019)	17.3	17.4	103.8	27,272	14.4	3.02	73.9	56.40
1	2	SW30ULE-440 (obsolete 9/2019)	18.7	14.4	103.1	32,944	11.8	2.70	66.0	76.56
1	3	SW30ULE-440 (obsolete 9/2019)	19.5	11.8	102.6	40,453	9.47	2.29	56.0	109.2
1	4	SW30ULE-440 (obsolete 9/2019)	19.2	9.47	102.3	50,157	7.66	1.82	44.4	164.0
1	5	SW30ULE-440 (obsolete 9/2019)	17.3	7.66	102.0	61,952	6.34	1.33	32.5	259.7
1	6	SW30ULE-440 (obsolete 9/2019)	14.0	6.34	101.8	74,806	5.46	0.89	21.7	432.7
2	1	SW30ULE-440 (obsolete 9/2019)	5.9	11.5	101.5	86,804	10.8	0.68	16.6	582.6
2	2	SW30ULE-440 (obsolete 9/2019)	4.7	10.8	101.1	92,193	10.3	0.51	12.5	796.4
2	3	SW30ULE-440 (obsolete 9/2019)	3.8	10.3	100.7	96,716	9.90	0.39	9.5	1,070
2	4	SW30ULE-440 (obsolete 9/2019)	3.1	9.90	100.4	100,465	9.59	0.30	7.4	1,404
2	5	SW30ULE-440 (obsolete 9/2019)	2.5	9.59	100.0	103,577	9.35	0.24	5.9	1,796
2	6	SW30ULE-440 (obsolete 9/2019)	2.1	9.35	99.7	106,177	9.16	0.19	4.8	2,245

RO产水量表(按段)-第2级

段	元件	压力容器数量	每压力容器元件数	给水				浓水			产品水			
				给水流量	再循环流量	进水压力	升压压力	浓水流量	浓水压力	压降	产水流量	平均通量	产水压力	渗透TDS
			PV	(m^3/h)	(m^3/h)	(bar)	(bar)	(m^3/h)	(bar)	(bar)	(m^3/h)	(LMH)	(bar)	(mg/L)
1	Eco Pro-440	25	6	275.9	0.00	7.8	0.0	41.4	6.8	1.0	234.6	38.3	0.0	6.64

溶质浓度-第2级

浓度(mg/L，离子态)				
	进水	浓水	产水	
				混合产水TDS
NH_4^+	0.00	0.00	0.00	0.00
K^+	3.08	19.60	0.17	0.17
Na^+	76.74	498.8	2.28	2.28
Mg^{+2}	3.20	21.30	0.00	0.00
Ca^{+2}	1.01	6.75	0.00	0.00
Sr^{+2}	0.01	0.08	0.00	0.00
Ba^{+2}	0.00	0.00	0.00	0.00
CO_3^{-2}	0.00	0.00	0.00	0.00
HCO_3^-	1.42	7.16	0.60	0.60
NO_3^-	0.05	0.28	0.01	0.01
F^-	0.00	0.00	0.00	0.00
Cl^-	131.6	856.9	3.58	3.58
Br^{-1}	0.00	0.00	0.00	0.00
SO_4^{-2}	0.00	0.00	0.00	0.00
PO_4^{-3}	0.00	0.00	0.00	0.00
SiO_2	0.00	0.00	0.00	0.00
Boron	0.00	0.00	0.00	0.00
CO_2	7.08	7.40	6.89	6.89
TDS[a]	217.1	1,411	6.64	6.64
Est. Cond. μS/cm	456	2,789	16	16
pH	5.5	6.1	5.2	5.2

脚注

[a]总溶解固体包括离子，SiO_2和$B(OH)_3$，它不包括NH_3和CO_2

RO产水量表(按元件)-第2级

段	元件	Element Name	回收率 (%)	给水流量 (m^3/h)	给水压力 (bar)	给水TDS (mg/L)	浓水流量 (m^3/h)	产水流量 (m^3/h)	产水通量 (LMH)	产水TDS (mg/L)
1	1	Eco Pro-440	15.5	11.0	7.8	217.2	9.32	1.71	41.9	3.36
1	2	Eco Pro-440	17.6	9.32	7.5	256.4	7.69	1.64	40.0	3.79
1	3	Eco Pro-440	20.6	7.69	7.2	310.1	6.11	1.58	38.7	4.45
1	4	Eco Pro-440	25.2	6.11	7.0	389.1	4.57	1.54	37.7	5.59
1	5	Eco Pro-440	32.8	4.57	6.9	518.3	3.07	1.50	36.7	7.92
1	6	Eco Pro-440	46.1	3.07	6.8	767.7	1.66	1.41	34.6	13.36

RO溶解性报警

报警	级数
Stiff and Davis稳定型指数>0	1
可能需要阻垢剂。请向您的阻垢剂厂商咨询剂量和所允许的最高系统回收率。	1

RO化学成分调整

	1级进水	1级浓水	2级进水	RO二级浓水
pH	7.0	7.7	5.5	6.1
朗格利尔指数>0	−0.15	1.7	−5.93	−3.89
史蒂夫&戴维斯稳定性指数>0	−1.05	0.68	−4.98	−3.61
TDS[a] (mg/l)	27,149	108,372	217.1	1,411
离子强度(摩尔)	0.54	2.36	0.00	0.03
HCO_3^-(mg/L)	108.1	407.6	1.42	7.16
CO_2(mg/l)	6.13	11.08	7.08	7.40
CO_3^{-2}(mg/L)	1.02	15.35	0.00	0.00
$CaSO_4$(%饱和度)	0.00	0.00	0.00	0.00
$BaSO_4$(%饱和度)	0.00	0.00	0.00	0.00
$SrSO_4$(%饱和度)	0.00	0.00	0.00	0.00
CaF_2(%饱和度)	0.00	0.00	0.00	0.00
SiO_2(%饱和度)	0.00	0.00	0.00	0.00
$Mg(OH)_2$(%饱和度)	0.01	0.73	0.00	0.00

脚注

[a]总溶解固体包括离子，SiO_2和$B(OH)_3$，它不包括NH_3和CO_2

所提供的信息是出于善意提供的，但没有保证。此类信息的用户承担所有风险和责任，并明确释放DuPont de Nemours Inc.及其子公司，高级职员和代理商的任何和所有责任。由于使用条件和适用法律可能因地点而异，并且可能随时间而变化。因此本文所述或在使用WAVE期间生成的信息的使用者负责确定信息的适用性。杜邦及其子公司均不对所获得的结果或因使用所提供信息而产生的损害承担任何责任，并且在法律允许的最大范围内，明确拒绝任何明示或暗示的保证，包括对适销性和特定用途的适用性的保证。用户不得出口或再出口任何从杜邦或其子公司收到的信息或技术，或基于此类信息或技术的直接产品或设计，违反任何国家的出口管制或海关法律或法规，包括美利坚合众国。

参考文献

[1] 张芳，李宇春，朱志平，等．电厂水处理技术［M］．北京：中国电力出版社，2014.

[2] 美国海德能公司．反渗透和纳滤膜产品技术手册［Z］．2013.

[3] Wu L，Zheng Z，Zhang D，et al. Optimization of design and operational parameters of hybrid MED-RO desalination system via modelling，simulation and engineering application［J］. Results in Engineering，2024，24：103253.

[4] 张芳，林木松，杨晓焱．应用化学前沿及创新方法［M］．北京：化学工业出版社，2019.

[5] 丁桓如．锅炉水处理初步设计［M］．2 版．北京：中国电力出版社，2010.

[6] Ghanbari K，Maleki A，Ochbelagh D R. Optimal design of solar/wind/energy storage system-powered RO desalination unit：Single and multi-objective optimization［J］. Energy Conversion and Management，2024，315：118768.

[7] Khan Z U，Moronshing M，Shestakova M，et al. Electro-deionization（EDI）technology for enhanced water treatment and desalination：A review［J］. Desalination，2023，548：116254.

[8] 李宇春，戴忠，武莹，等．基于 R 软件的课程评价可视化分析［J］．电子技术，2023，52（11）：58-60.

[9] 张芳，杨晓焱，陈训洋，等．基于 R 语言的电力化学课程评估分析［J］．电子技术，2023，52（11）：81-83.

[10] 李宇春．现代工业腐蚀与防护［M］．北京：化学工业出版社，2018.

[11] 李宇春，李梓昕．R 及 Python 的数据分析核心技巧——能源化学数据挖掘及可视化实战［M］．北京：化学工业出版社．2023.

[12] 李宇春，张瑛洁，张芳，等．电厂化学专业英语［M］．北京：中国电力出版社，2011.

[13] 朱志平，李宇春，曾经．火力发电厂锅炉补给水处理设计［M］．北京：中国电力出版社，2009.

[14] Raninga M，Mudgal A，Patel V K，et al. Design of ORC-RO system for utilizing waste heat from flue gases of coal-fired thermal power plant［J］. Materials Today：Proceedings，2023，77：105-110.

[15] 金明柏．水处理系统设计实务［M］．北京：中国电力出版社，2010.

[16] Wang K P，Wang X B，Januszewski B，et al. Tailored design of nanofiltration membranes for water treatment based on synthesis-property-performance relationships［J］. Chemical Society Reviews，2022，51（2）：672-719.

[17] Li Y C，Zhang H L，He Y W. Evaluation of anticorrosion performance of new materials for alternative superheater tubes in biomass power plants［J］. High Temperature Materials and Processes，2016，35（8）：799-803.

[18] Sangarpal S. Design optimization for grey water treatment［J］. International Journal for Research in Applied Science and Engineering Technology，2022，10（10）：1319-1327.

[19] Li Y C，Zhang H L，He Y W，et al. A study on burst accident of superheater tube in a biomass power plant［J］. International Journal of Power and Energy Systems，2015，35（3）：120-126.

[20] 李宇春，吴青华，张芳，等．一种核电厂蒸汽发生器泄漏的诊断方法：CN 202010038313.1［P］．2022-03-04.

[21] 李宇春，张芳，杨晓焱，等．核电厂“积分照射”优化方法的应用研究 [J]. 核电工程与技术 [J]. 2010. 23 (2)：8-11.

[22] Tillison N，Hand D W. Hands on water treatment design [C]. 2005 Annual Conference，Portland，Oregon，2020，1-18.

[23] Sadeq A M，Ismail Z Z. Sustainable application of tubular photosynthesis microbial desalination cell for simultaneous desalination of seawater for potable water supply associated with sewage treatment and energy recovery [J]. Science of The Total Environment. 2023；875：162630.

[24] Wei Z，Irshad M S，Arshad N，et al. Nanocomposite-enhanced efficient evaporation system for solar-driven seawater desalination—An optimized design for clean water production [J]. Nanomaterials，2022，12 (19)：3296.